普通高等院校工程实践系列教材

机械加工实训基础

贾洪声　鄂元龙　张　勇　刘惠莲　主编

科学出版社

北　京

内 容 简 介

本书为吉林省"创新创业教育示范课程"配套教材,对当今先进机械加工设备的结构、原理、基本操作方法和安全操作规范等进行讲解,并结合实例进行演练,突出针对性和实用性。本书共 8 章,内容包括技术测量及常用器具、卧轴矩台手摇平面磨床、专用工具磨床、数控车床、数控加工中心、精雕机、电火花线切割机、激光切割机。

本书可作为高校理科师范专业学生开展实验实训的教材或参考书。

图书在版编目(CIP)数据

机械加工实训基础/贾洪声等主编. —北京:科学出版社,2022.3
普通高等院校工程实践系列教材
ISBN 978-7-03-071862-4

Ⅰ. ①机… Ⅱ. ①贾… Ⅲ. ①金属切削-高等学校-教材
Ⅳ. ①TG506

中国版本图书馆 CIP 数据核字(2022)第 040983 号

责任编辑:朱晓颖 / 责任校对:王萌萌
责任印制:张 伟 / 封面设计:迷底书装

科学出版社 出版
北京东黄城根北街 16 号
邮政编码:100717
http://www.sciencep.com
北京建宏印刷有限公司 印刷
科学出版社发行 各地新华书店经销
*
2022 年 3 月第 一 版 开本:787×1092 1/16
2022 年 3 月第一次印刷 印张:10 1/4
字数:262 000
定价:49.00 元
(如有印装质量问题,我社负责调换)

前　言

本书为吉林省教学成果一等奖配套教材、吉林省"创新创业教育示范课程"配套教材，是为高校理科师范专业学生开设机械加工实验和开展工程训练（实训）而编写的，目的是让理科师范专业学生了解并掌握机械加工设备的结构、原理、基本操作方法和安全操作规范等，旨在拓宽学生视野，培养学生机械加工技能和工程素养，提高学生创新思维能力、分析问题与解决问题的能力，以及实践操作能力，做到理论学习和实践操作相结合，最终使学生具备基本的机械加工能力。

为适应理科师范专业学生的培养目标和工业对机械加工技能的社会需求，培养专业扎实、一专双能的"双师型"人才，本书将对当今常用的几类机械加工设备的结构、原理、基本操作方法和安全操作规范等进行讲解，并结合实例进行演练，突出针对性和实用性。书中配套部分实验过程操作视频，旨在打造适应新时代教学模式的新形态教材。

本书由吉林师范大学物理学院贾洪声、鄂元龙、张勇和刘惠莲等一线实践课程授课教师担任主编，各章节内容由易入难，又相对独立，读者可选择性阅读。

本书的编写得到了学校及学院领导的大力支持和帮助，获得了吉林师范大学教材出版资金 A 类资助，在此表示衷心感谢！同时，感谢胡廷静、刘岩和张坤对本书编写所提供的技术支持！感谢刘思彤、杨鑫炫、刘禹含等所做的插图绘制和校稿工作。

由于编者水平有限，书中难免出现不妥和疏漏之处，敬请广大读者批评指正！

编　者
2021 年 5 月

目　录

第1章 技术测量及常用器具

1.1 技 术 测 量

技术测量是以确定被测量物的几何量值而进行的实验过程。一个完整的测量过程包含被测对象、计量单位、测量方法和测量精度四个要素。

1. 被测对象

被测对象主要指所测量的几何量，包括长度、形状、角度、面积、表面粗糙度以及形位误差等。

2. 计量单位

计量单位是用以度量同类值的标准量。1984 年，我国正式公布法定计量单位，确定以米(m)作为长度单位的基本计量单位。在机械制造与加工领域中常采用的长度计量单位有毫米(mm)和微米(μm)，在超精密测量中，也会采用纳米(nm)作为长度计量单位。其换算关系为

$$1\text{nm} = 10^{-3}\mu\text{m} = 10^{-6}\text{mm} = 10^{-9}\text{m}$$

角度单位通常采用弧度(rad)和度(°)，其换算关系为

$$1\text{rad} \approx 57.3°$$

3. 测量方法

测量方法是指在测量过程中按照一定的测量原理进行的实际操作，广义上指测量所采用的测量原理、测量条件和计量器具的总和。

4. 测量精度

测量精度是指测量结果和真值的一致程度。任何测量过程都会存在一定程度的测量误差，测量误差大，则测量精度低，反之则测量精度高。二者是两个相对的概念，由于测量误差的存在，任何测量结果都仅是一个近似值。

技术测量是机械设计和加工领域中的重要内容之一，即根据被测对象的特点和质量要求，拟定测量方法，选取合适的计量器具对被测对象进行测试，并分析测量误差，最终得到具有一定测量精度的测量结果。同时，在整个设计与测量过程中，也要考虑如何提高测量效率，降低测量成本，减小工件报废率。

1.2 常用计量器具

1.2.1 钢直尺

钢直尺是一种不可卷曲的钢质长板状量尺，是最简单的长度计量器具，其常见规格有150mm、200mm、300mm、400mm、500mm 和 1000mm 等，图 1-1 是常用的量程为 150mm 的钢直尺。

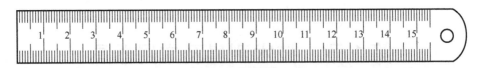

图 1-1 钢直尺

通常，钢直尺相邻两刻度线的间距(分度值)为 1mm，由于刻度线本身具有一定宽度(0.1～0.2mm)，因此若使用钢直尺测量工件长度，读数时误差较大，其最小读数值为 1mm，比 1mm 小的数值只能进行估测。其使用方法如下。

(1)使用钢直尺时，通常以最左端的零刻度线为测量基准，测量时要求将尺放正，不得前后或左右歪斜，否则，所示数值比工件实际尺寸值大。如果不以左端零刻度线为测量基准，则测量后需用测量值减去测量基准值，即可得到工件实际尺寸值。

(2)使用钢直尺测量工件圆截面直径时，被测面应平整，使尺的左端零刻度线与被测面的边缘相切，以切点为中心，摆动尺子，所测出的最大尺寸值即为工件直径值。

(3)钢直尺的其他几种使用方法如图 1-2 所示。

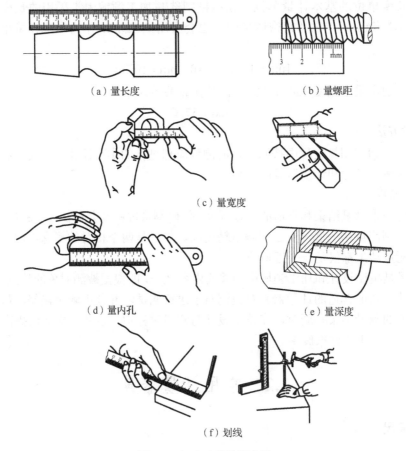

（a）量长度　　　　　　　　　　　（b）量螺距

（c）量宽度

（d）量内孔　　　　　　　　　　　（e）量深度

（f）划线

图 1-2 钢直尺的使用方法

钢直尺作为长度计量器具在机械设计和加工领域的粗略测算中被广泛使用，图 1-3 为技术人员在机械加工过程中对工件宽度进行测量。

图 1-3 技术人员在对工件宽度进行测量

1.2.2 卡钳

卡钳是一种简单的长度测量工具。由于其具有结构简单、价格低廉、维护和使用方便等特点，被广泛应用于精度要求较低的工件尺寸测量和检验中，尤其是对锻铸件毛坯尺寸的测量和检验，卡钳是最合适的测量工具之一。按用途不同，卡钳可分为内卡钳和外卡钳两种，内卡钳用于测量圆柱孔的内径或凹槽等，外卡钳则用于测量物体的长度或圆柱体的外径。其规格较多，常见的有 150mm、200mm、300mm、500mm、1000mm 和 2000mm 等。图 1-4 为测量常用的内卡钳和外卡钳。

1. 卡钳开度调节

由于钳口形状对测量精度影响很大，因此在使用前，首先要检查钳口形状是否完好，对于钳口形状不好的卡钳，可对其钳口进行修整。图 1-5 为卡钳钳口形状好坏对比图。调节卡钳的开度时，应轻轻敲击卡钳脚的两侧面，先用两手把卡钳调整到和工件尺寸相近的开口，然后轻敲卡钳的外侧来减小卡钳开口，敲击卡钳内侧来增大卡钳开口。需要注意，不能直接敲击钳口，以免造成钳口测量面损伤而引起测量误差，更不能在机床导轨等处敲击卡钳而直接造成卡钳损伤，如图 1-6 所示。

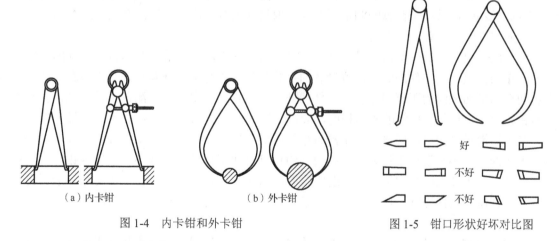

（a）内卡钳　　　　　　（b）外卡钳

图 1-4 内卡钳和外卡钳

图 1-5 钳口形状好坏对比图

2. 卡钳的使用方法

在测量工件直径尺寸时，除钢直尺自身测量误差较大外，由于其无法准确对工件直径进行定位，因此在实际测量过程中，常常以内外卡钳和钢直尺配合的方式对工件直径进行测量。

卡钳本身不能直接用来测量长度结果，而是把测量所得的长度尺寸在钢尺上进行读数，或在钢尺上先获取所需尺寸，再去检验工件的尺寸是否符合要求。

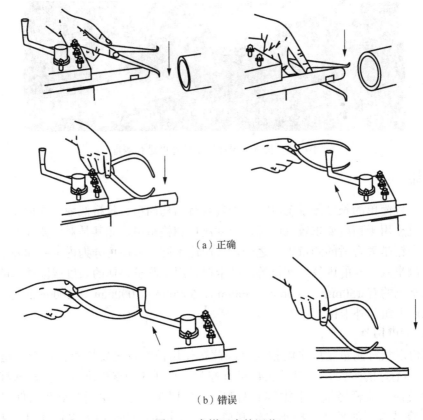

（a）正确

（b）错误

图 1-6　卡钳开度的调节

1）外卡钳的使用

如图 1-7（a）所示，外卡钳在钢直尺上取下尺寸时，一个钳脚的测量面靠在钢直尺的端面上（零刻度线处），另一个钳脚的测量面对准所取尺寸值刻度线，且两测量面的连线与钢直尺平行，人的视野要垂直于钢直尺。

用已取好尺寸值的外卡钳测量工件外径时，要使两个测量面的连线垂直于零件的轴线；靠外卡钳的自重划过零件外圆时，测量者的手感是外卡钳与工件外圆正好是点接触，此时外卡钳两个测量面之间的距离即为被测工件的外径。换言之，用外卡钳测量工件外径，就是比较卡钳钳口与工件外圆接触的松紧程度，应以卡钳的自重能刚好滑下为合适，如图 1-7（b）所示。当卡钳滑过外圆时，测量者手中没有接触感觉，说明钳口开度比工件外径尺寸大，如果靠外卡钳的自重不能滑过工件外圆，则说明钳口开度比工件外径尺寸小。使用卡钳时，不可将其歪斜卡在工件上进行测量，以免造成误差，如图 1-7（c）左图所示；更不可依靠卡钳自身弹性，将其压过工件外圆，也不可把卡钳横着卡上去，如图 1-7（c）右图所示。

2）内卡钳的使用

用内卡钳测量工件内径时，应使两个钳脚的测量面的连线正好垂直相交于内孔的轴线，即钳脚的两个测量面正好在内孔直径的两端点处。测量时应将下面钳脚的测量面停在孔壁上作为支点，如图 1-8（a）所示。上面的钳脚由孔口略往里面逐渐向外试探，并沿孔壁圆周方向摆动，当沿孔壁圆周方向能摆动的距离最小时，表示内卡钳脚的两个测量面已处于内孔直径的两端点处。再将卡钳由外至内慢慢移动，可检查孔的圆度公差，如图 1-8（b）所示。

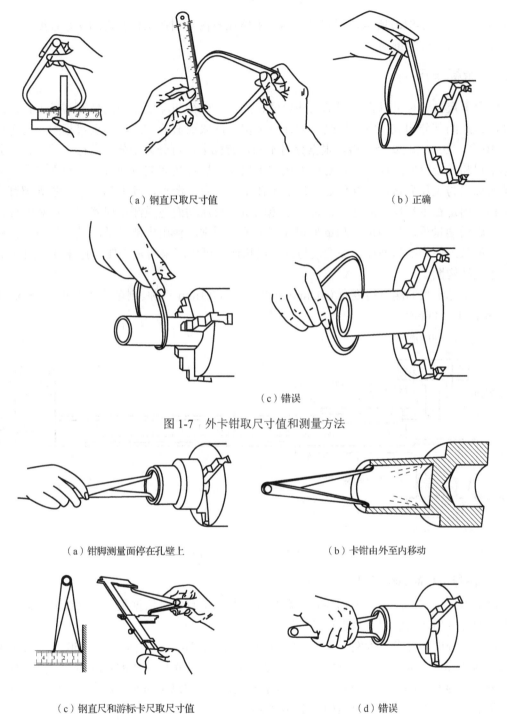

（a）钢直尺取尺寸值　　　　　　　　　　　　（b）正确

（c）错误

图 1-7　外卡钳取尺寸值和测量方法

（a）钳脚测量面停在孔壁上　　　　　　　　　　（b）卡钳由外至内移动

（c）钢直尺和游标卡尺取尺寸值　　　　　　　　　（d）错误

图 1-8　内卡钳取尺寸值和测量方法

　　用已在钢直尺上取好尺寸值的内卡钳测量工件内径，如图 1-8（c）所示，就是比较内卡钳在工件孔内的松紧程度。若内卡钳在孔内有较大的自由摆动，则说明钳口开度比孔径小，若内卡钳放不进孔内，或放进孔后紧得不能自由摆动，则说明钳口开度比孔径大，若内卡钳放入孔内，可以有 1~2mm 的自由摆动距离，卡钳钳口开度即为内孔直径。测量时不要用手抓住卡钳，如图 1-8(d)所示，否则难以通过手感比较内卡钳在工件孔内的松紧程度，并容易因卡钳形变而造成测量误差。

1.2.3 游标卡尺

游标卡尺是一种可以直接测量工件长度、外径、内径和深度等的高精度测量工具，由主尺和游标尺两部分构成，主尺以毫米为计量单位，读取数值的方式与钢直尺相同，而游标尺则有 10 个、20 个和 50 个分格，根据分格不同，游标卡尺可分为十分度游标卡尺、二十分度游标卡尺和五十分度游标卡尺。游标卡尺的主尺和游标尺之间装有弹簧片，利用弹簧片的弹力使游标尺与主尺靠紧。游标尺通过尺框可在主尺尺身上滑动，其上部有一个紧固螺钉，可将游标尺固定在主尺尺身的任意位置，以免因游标活动而造成测量误差。主尺和游标尺上均有两副活动量爪，分别是内测量爪和外测量爪，通常，使用内测量爪测量工件内径，用外测量爪测量工件长度和外径。深度尺与游标尺相连，可以用来测量工件内孔深度。图 1-9 为游标卡尺结构图。

常用游标卡尺的测量精度有 0.02mm、0.05mm 和 0.1mm 三种。测量范围为 0～125mm、0～200mm 和 0～500mm 等。

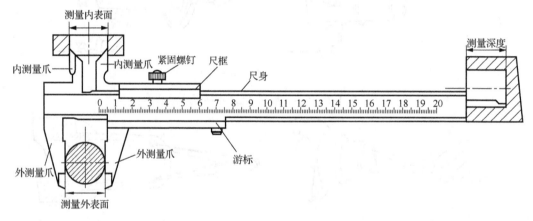

图 1-9 游标卡尺结构图

1. 游标卡尺的刻线原理

游标卡尺主尺和游标尺上均标有读数刻线，其测量数值是依据主尺上刻线分度值与游标尺上刻线分度值之间的差值来进行换算的。

以五十分度游标卡尺为例，其主尺的最小分度值为 1mm，游标尺上有 50 个等分刻度，总长度为 49mm，即主尺上 49 格刻线的宽度与游标尺上 50 格刻线的宽度相等，则游标尺的最小分度值为 0.98mm，主尺和游标尺的最小分度值之差为 0.02mm，这个差值就是游标卡尺的读数值。游标卡尺的刻线原理如图 1-10 所示。

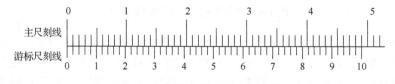

图 1-10 游标卡尺的刻线原理图

2. 游标卡尺的使用方法

使用游标卡尺测量工件尺寸前，先检查卡尺的两个测量面和测量刃口是否平直无损，将测量爪紧密并拢，使游标尺和主尺的零刻度线对齐，对齐后方可进行测量，否则需计取零误差，游标尺的零刻度线在主尺零刻度线右侧的叫正零误差，在主尺零刻度线左侧的叫负零误差。

移动尺框前，将紧固螺钉松开至适当位置，其不宜过紧也不宜过松，以免螺钉松动脱落。移动尺框时，活动要自如，不应有过松或过紧现象，更不能产生晃动。用紧固螺钉固定尺框时，卡尺的读数不应有所变化。

测量工件外尺寸（宽度或外径）时，卡尺两测量面的连线应垂直于被测量表面，不能歪斜，可轻轻摇动卡尺，放正垂直位置。测量时先把卡尺的活动量爪张开，使量爪能自由地卡进工件，把工件贴靠在固定量爪上，右手握住主尺尺身，大拇指轻推游标尺尺框，用轻微的压力使活动量爪接触工件，若卡尺带有微动装置，可拧紧紧固螺钉，再转动调节螺母，使量爪接触工件测量面并读取尺寸值，如图 1-11（a）和（b）所示。

测量时决不可把卡尺的两个量爪调节到接近甚至小于预测尺寸，强制卡到工件上，否则易造成量爪变形或测量面磨损等，影响卡尺测量精度。测量工件内尺寸时，要使量爪分开的距离小于所测内尺寸，进入工件内孔后，再缓慢张开量爪并轻轻接触工件内表面，两测量刃卡在孔的直径上，不能偏歪。用紧固螺钉固定尺框后，轻轻取出卡尺并读取尺寸值，如图 1-11（c）所示。取出量爪时，用力要均匀，并使卡尺沿着孔的中心线方向滑出，不可歪斜，以免造成量爪扭伤、变形或磨损，否则，还可能造成尺框移动，影响测量精度。测量工件深度时，先移动尺框，将深度尺拉出到大于被测工件深度尺寸，伸入被测工件凹槽后，再平稳地将主尺尺身压向凹槽方向，卡尺测量深度端的缺口面靠近工件内表面，让尺身接触到工件凹槽口边缘后，拧紧紧固螺钉，取出卡尺并读取尺寸值。测量时要保证尺框可自由滑动，不宜过紧，以免造成深度尺弯曲甚至损坏。

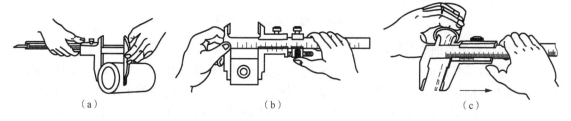

（a）　　　　　　　　　　　（b）　　　　　　　　　　　（c）

图 1-11　用游标卡尺测量工件外尺寸和内尺寸

通常在工件同一截面不同方向或不同部位进行多次测量，求取平均值，以获得相对精确的测量结果。

3. 游标卡尺的读数方法

以五十分度游标卡尺（游标尺读数值为 0.02mm）为例，使用游标卡尺测量工件时，读数可分为以下三个步骤。

1）读整数

以游标尺零刻度线为准，读取主尺上最邻近该零刻度线的刻度值，即为被测工件尺寸值的整数值 N。

2）读小数

查看游标尺刻度线与主尺刻度线对齐位置，将其顺序数乘以游标尺读数值（0.02mm），所得乘积即为被测工件尺寸的小数值 n。

3）读数结果

把所读取的整数值与小数值相加，即为被测工件的尺寸值 L：

$$L(被测工件尺寸值)=N(整数值)+n(小数值)$$

图 1-12 为游标卡尺读数实例，读数结果为 23mm+0.02mm×9=23.18mm。

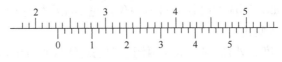

图 1-12　游标卡尺读数实例

1.2.4　螺旋测微器

螺旋测微器又称为千分尺(百分尺)、螺旋测微仪或分厘卡，是比游标卡尺更精密的长度测量工具，测量精度达到 0.01mm，测量范围为几厘米。图 1-13 为螺旋测微器结构图。

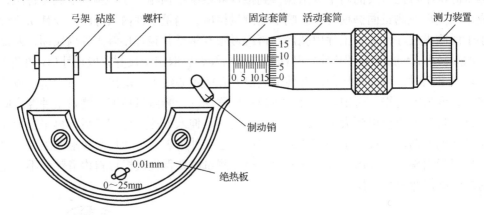

图 1-13　螺旋测微器结构图

1. 螺旋测微器的刻线原理

螺旋测微器是依据螺旋放大的原理制造而成的，即螺杆在螺母中旋转一周，螺杆便沿着旋转轴线方向前进或后退一个螺距的距离。因此，沿轴线方向移动的微小距离就可以用圆周上的读数表示出来。通常，螺旋测微器的精密螺纹的螺距是 0.5mm，活动套筒上有 50 个等分刻度，旋转一周，螺杆前进或后退 0.5mm，因此旋转每个小分度，相当于螺杆前进或后退 0.5mm/50 = 0.01mm，即活动套筒刻线的分度值为 0.01mm，所以螺旋测微器可精确到 0.01mm，由于还能再估读一位数字，可读到毫米的千分位，故而螺旋测微器又称为千分尺。

2. 螺旋测微器的使用方法

使用前，使用软质细布或干净棉丝将螺旋测微器的两个测砧面擦拭干净。缓慢转动测力装置(微调旋钮)，使螺杆与砧座相接触，直到棘轮发出"咔咔"声，此时活动套筒上的零刻度线应当与固定套筒的基准线对齐，否则将出现零误差。左手持尺架(U 形框架)，右手转动粗调旋钮，使测杆与砧座间的距离略大于被测工件外尺寸，将被测工件置于两砧面之间，禁止将测杆固定后强行卡入被测工件，以免造成测杆和砧面端面划伤。转动粗调旋钮，在螺杆接近被测工件测量面时改用测力装置夹住被测工件进行测量，避免因压力过大影响测量结果的精度或造成测杆上的精密螺纹变形，损伤量具。待棘轮发出"咔咔"声时停止转动测力装置，拨动制动销，使测杆固定后进行读数。使用螺旋测微器测量工件外尺寸的方法如图 1-14 所示。

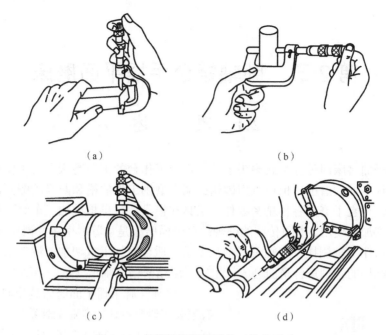

（a）　　　　　　　　　　　　　（b）

（c）　　　　　　　　　　　　　（d）

图 1-14　用螺旋测微器测量工件外尺寸

3. 螺旋测微器的读数方法

使用螺旋测微器对工件外尺寸进行测量时，在固定套筒上刻有轴向中线，作为活动套筒读数的基准线。除此之外，为方便计算螺杆旋转的整数转，在固定套筒中线的两侧刻有两排刻度线，刻度线间距均为 1mm，上下两排相互错开 0.5mm，读数可分为 3 个步骤。

1）读整数

读取活动套筒刻度端面左端在固定套筒上露出的刻度线数值 N，读数时要注意固定套筒上表示半毫米的刻度线是否已经露出。

2）读小数

在活动套筒上找出与固定套筒基准线对齐的刻度线数值，如果此时固定套筒上表示半毫米的刻度线未露出，那么该刻度线数值即为被测工件小数值 n；如果此时固定套筒上表示半毫米的刻度线已露出，则该刻度线数值加上 0.5mm 后即为被测工件的小数值 n。

3）读数结果

将所读取的整数数值和小数数值相加，即为被测工件的尺寸值 L。读数时，千分位有一位估读数字，不可舍弃，如果固定套筒刻度基准线与活动套筒刻度的某一刻度线对齐，千分位应读取为 "0"。

$$L（被测工件尺寸值）= N（整数值）+ n（小数值）$$

图 1-15 为螺旋测微器读数实例。

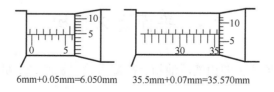

6mm+0.05mm=6.050mm　　　35.5mm+0.07mm=35.570mm

图 1-15　螺旋测微器读数实例

第 2 章　卧轴矩台手摇平面磨床

2.1　概　　述

卧轴矩台平面磨床即带有卧式磨头主轴、矩形工作台的平面磨床。其主要功能是用砂轮的周边进行工件平面的磨削，也可以用砂轮的端面磨削工件的槽和凸缘的侧面，磨削精度和光洁度都较高，适宜于磨削各种精密零件、工具和模具，可供机械加工车间、机修车间和工具车间进行精密加工使用。中国传统的卧轴矩台平面磨床是从苏联引进并消化改进的 M71 系列，其特点是磨床主轴侧挂，主轴采用轴瓦支承，适合粗加工重切削。近年来，欧美等地更流行十字鞍座结构的卧轴矩台平面磨床，主轴采用精密精珠轴承支承，更适合于精密磨削。

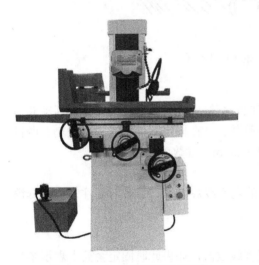

图 2-1　M618A 型手摇平面磨床

"铁驹"牌手摇平面磨床是盐城大丰远大机床有限公司研究设计的专业荣誉系列产品。主要品种有 M618A、M820、M1022 等手摇平面磨床，MY820、MY1022、MY1224、MY1230 液压全自动平面磨床，以及一系列电动平面磨床、变频平面磨床等。

本实训采用的设备是 M618A 型手摇平面磨床，如图 2-1 所示，工作台纵向运动采用同步带传动或液压传动，横向运动采用机械传动和手动传动，主轴采用超精密 P4 级滚珠轴承，配有全套附件及电磁或永磁吸盘。该机床结构紧凑、性能优良、可磨削各种平面或者通过砂轮修形进行复杂成形面的磨削加工。该机床具有操作简单方便、精度高、刚性好、热稳定性好、噪声低、维修保养方便等特点。

2.2　实 训 目 标

(1) 了解卧轴矩台手摇平面磨床的基本结构。
(2) 了解卧轴矩台手摇平面磨床的使用方法。
(3) 可以使用卧轴矩台手摇平面磨床制作工件。

2.3　平面磨床结构

卧轴矩台手摇平面磨床主要由液压油箱、冷却水箱、机座、主机箱、控制面板、移动手轮和机头等组成。

(1) 液压油箱：内装液压油，上面为一个电动机带动一个液压泵，液压泵为磨床的液压系统提供动力，可将液压油输送至液压缸内，推动活塞，带动工作台左右移动。

(2)冷却水箱：内装循环冷却水，箱体上方装有水泵，可为冷却水箱提供循环冷却水，以防铁或者钢材生锈。

(3)机座：为机台的主机架，除液压油箱和冷却水箱之外，其他组件都安装在机座上。

(4)主机箱：提供总电源，在操作前要将开关打开到 ON 挡位。

(5)控制面板：有控制各个功能的开关，主要由电源指示灯、"主轴启动"按钮、"主轴停止"按钮、冷却液开关和"急停"按钮组成，具有结构简单、操作方便灵活等特点。

(6)移动手轮：手动移动工作台向前后、左右运动，控制砂轮上下移动。

(7)机头：为用来安装砂轮且做上下移动的部分。

(8)机床的磨头主轴结构：磨头主轴由 P4-7206 轴承前后支承，磨头壳体有 4 个支头螺钉。需定期检查、拧紧以保持主轴处于坚固状态。

(9)机床的磨头升降结构：通过手柄的转动带动两螺旋伞齿轮的啮合运动，使丝杆与螺母发生相对运动，使得磨头做升降移动。通过两个小圆螺母调节弹簧弹力，使得两个螺旋伞齿轮的啮合始终处于良好的状态。

(10)工作台纵向运动机构：转动手轮，通过同步带轮与同步带的齿形啮合，把运动传递给同步带，牵引着工作台做纵向移动。通过调整工作台右端的调整螺栓，来调节同步带的松紧，直至转动手轮时，工作台移动平稳，无异常。

(11)拖板横向进给机构：通过丝杆和螺母的啮合把运动传给轴承座，带动拖板做横向进给运动。调节螺母上的内六角螺钉可以调节丝杆与螺母之间的轴向间隙。

2.4　平面磨床原理

该机床是采用砂轮周边磨削工件平面的机床，也可使用砂轮的端面磨削工件垂直面。按工件的不同可将其吸牢在电磁吸盘上，或直接固定在工件台上，也可用其他夹具夹持磨削。

该机床主要部件的运动特点如下：工作台的纵向运动为液压驱动。磨头在拖板上的横向运动为液压驱动，也可手动驱动，并有自动互锁装置。拖板(连同磨头)在立柱上，上、下垂直运动为手动驱动且升降丝杆为滚珠丝杆，操纵轻便灵活。床身内部油池中的回油点与进油点的距离路线最长，液压油循环流动，有效地控制了油液升温，减小了机床的热变形。

2.5　设　备　参　数

(1)磨削工件最大尺寸(长×宽×高)：460mm×180mm×195mm。

(2)工作台纵向移动量：500mm。

(3)工作台横向移动量：190mm。

(4)工作台面至主轴最大距离：335mm。

(5)工作台最大承重量：200kg。

(6)工作台面尺寸(长×宽)：460mm×180mm。

(7)工作台速度：3～23m/min。

(8)前后手轮进刀量：0.02mm/格、2.5mm/圈。

(9)上下手轮进刀量：0.01mm/格、1.25mm/圈。

(10)砂轮尺寸(外径×宽度×内径)：180mm×13mm×31.75mm。

(11)主轴转速：50Hz，2850r/min。

(12)电动机总功率：1.14kW。

(13)磨头电机功率：1.1kW。

(14)循环液泵功率：0.4kW。

(15)加工精度：0.004～0.01mm。

(16)磨床重量：560kg。

(17)磨床外形尺寸(长×宽×高)：1550mm×1150mm×1590mm。

2.6　实 训 内 容

2.6.1　砂轮基础知识

1. 砂轮的组成

砂轮是磨削加工的主要工具，是由磨料和结合剂构成的多孔物体。其中，磨料、结合剂和孔隙是砂轮的三个基本组成要素。由于磨料、结合剂及砂轮制造工艺等的不同，砂轮的特性也存在较大差别，对磨削加工精度、粗糙度和生产率有着重要的影响。

1)磨料

磨料是砂轮的主要磨削部分，具有尖锐的棱角，即很小的切削刃，以切削加工工件，磨料往往是很硬的材料，通常是化合物，如碳化硅(金刚砂)、刚玉(三氧化二铝)、金刚石和立方氮化硼等，最常见的是金刚砂砂轮和刚玉砂轮。

2)结合剂

砂轮的强度、抗冲击性、耐热性及抗腐蚀能力主要取决于结合剂的性能，应根据砂轮的不同用途选用不同的结合剂，常用的结合剂种类有陶瓷、树脂、橡胶、金属等，其主要作用是通过包裹将磨料黏结在一起，形成具有一定外形和力学性能的砂轮。

3)孔隙

孔隙也是砂轮的主要组成部分，孔隙的作用是减小结合剂的结合强度，储存磨削下来的磨屑，当小磨料的尖锐部分磨秃了之后，就会因孔隙导致的结合强度降低而剥落，露出新的尖锐的磨粒，利于进一步的磨削加工。

2. 砂轮的类型

1)按结合剂分类

按照结合剂的不同分类，常见的有陶瓷(结合剂)砂轮、树脂(结合剂)砂轮、橡胶(结合剂)砂轮、金属(结合剂)砂轮和硅酸盐(结合剂)砂轮等。

(1)陶瓷(结合剂)砂轮。

陶瓷(结合剂)砂轮是把长石、黏土等无机物与磨粒混合，在1300℃左右的高温下与磨粒烧结制成的砂轮。其硬度和组织的调整都比较简单。这种砂轮的气孔率较大，性能稳定，不受环境干湿和气温等影响，耐热性和耐腐蚀性好，遇水、酸、碱和油等均无变化，且加工磨损小，能够很好地保持砂轮的几何外形。因此，在精密磨削和一般磨削加工中都有广泛应用。其缺点是脆性较大，不能承受较大的冲击和振动，弹性差，磨削加工时易因切削量大而摩擦发热，造成工件表面灼伤，工件难以达到镜面光洁度。

(2) 树脂(结合剂)砂轮。

树脂(结合剂)砂轮所使用的结合剂有天然树脂结合剂和人造树脂结合剂两种。天然树脂(结合剂)砂轮是以天然树脂虫胶作为原料，在 170℃左右熟化后与磨粒按一定配比制成的砂轮，砂轮结合力较弱，因此不能用于重负荷磨削，主要用于精磨加工。人造树脂(结合剂)砂轮是用酚醛树脂在 200℃左右的温度下与磨粒烧结而成的砂轮。与陶瓷(结合剂)砂轮相比，树脂(结合剂)砂轮弹性和抗拉强度较大，强度高、耐冲击，可用于高速磨削加工，磨削效率高，但耐热性和耐腐蚀性较差，通常用来制作切断砂轮、轧辊磨削砂轮及铸件清理砂轮。

(3) 橡胶(结合剂)砂轮。

橡胶(结合剂)砂轮是以天然或人造橡胶为主体，在 180℃左右的温度下与磨粒熔合而成的砂轮。其具有较强的弹性和强度，适用于薄片砂轮，磨削振动小，加工表面不易灼伤且光洁度较高。但抗热、抗油能力差，因此在加工中必须合理使用磨削液。

(4) 金属(结合剂)砂轮。

金属(结合剂)砂轮是以天然或人造金刚石为磨粒，以铜、镍或铁等结合剂烧结而成的砂轮。

(5) 硅酸盐(结合剂)砂轮。

硅酸盐(结合剂)砂轮是以硅酸钠(水玻璃)为主要成分，与磨粒在 600～1000℃下烧结而成的砂轮。同陶瓷(结合剂)砂轮相比，其结合力较弱。在磨削加工中，硅酸钠溶解后可起润滑作用，不适用于粗磨加工。但工件磨削热较少，适用于工具刃磨和接触面积大的平面磨削。

2) 按砂轮形状分类

按照砂轮形状分类，可将砂轮分为平形砂轮、斜面砂轮、薄形砂轮、筒形砂轮、碗形砂轮和碟形砂轮等。

(1) 平形砂轮。

平形砂轮的使用范围较广，根据尺寸的不同，可在内圆磨、外圆磨、平面磨、无心磨或砂轮机上进行手动粗磨，为各种铸钢、铸铁专用砂轮，如图 2-2 所示。

(2) 斜面砂轮。

斜面砂轮是指由结合剂将普通磨料固结成磨削面带有一定倾角，并具有一定强度的固结磨具，如图 2-3 所示，在磨削加工中主要用于磨齿轮或单头螺纹。

(3) 薄形砂轮。

薄形砂轮的厚度较小，通常采用特殊材料提高强度，以实现工件的精准切割，如图 2-4 所示，主要应用于角铁、钢筋、管道、不锈钢和混凝土等材料的切断和磨槽加工。

图 2-2　平形砂轮　　　　图 2-3　斜面砂轮　　　　图 2-4　薄形砂轮

（4）筒形砂轮。

筒形砂轮如图 2-5 所示，主要适用于端磨平面或刃磨刀具，在锻、铸领域的粗磨加工中较为常见，砂轮以外圆周为工作面，具有磨削速度快、稳定性高等特点。

（5）碗形砂轮。

碗形砂轮如图 2-6 所示，主要用于铸件平面加工，刃磨铣刀、铰刀、拉刀、扩孔钻，磨道轨的平面，磨削道岔等。

（6）碟形砂轮。

碟形砂轮如图 2-7 所示，主要用于磨削工具类材料，如刀具、钻具等的刃磨加工。

图 2-5　筒形砂轮　　　　　图 2-6　碗形砂轮　　　　　图 2-7　碟形砂轮

3. 磨削加工范围

在机械加工领域，磨削加工作为主要的加工手段，在生产中应用较为广泛，涉及曲轴磨削、外圆磨削、螺纹磨削、成形磨削、花键磨削、齿轮磨削、圆锥磨削、内圆磨削、无心外圆磨削、刀具刃磨、导轨磨削和平面磨削等加工，如图 2-8 所示。

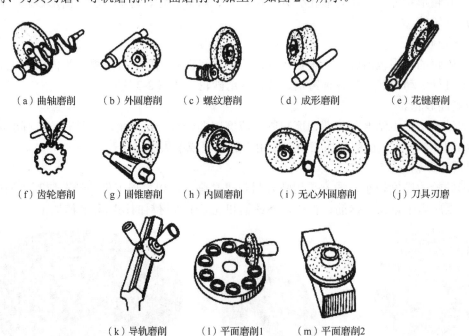

（a）曲轴磨削　（b）外圆磨削　（c）螺纹磨削　（d）成形磨削　（e）花键磨削

（f）齿轮磨削　（g）圆锥磨削　（h）内圆磨削　（i）无心外圆磨削　（j）刀具刃磨

（k）导轨磨削　（l）平面磨削1　（m）平面磨削2

图 2-8　磨削加工范围

2.6.2　平面磨床控制面板

平面磨床控制面板结构简单，操作灵活方便，主要由电源指示灯、"主轴启动"按钮、"主轴停止"按钮、冷却液开关和"急停"按钮组成，如图 2-9 所示。

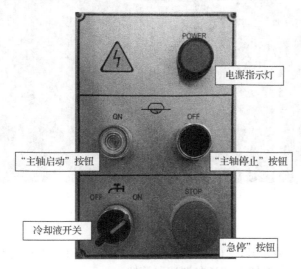

图 2-9　平面磨床控制面板

1．电源指示灯

平面磨床所使用的是 380V 工业电压，开启墙壁电源后，电源指示灯亮，表明当前设备供电正常，可进行后续的磨削加工操作。

2．"主轴启动"按钮

利用上下手轮将砂轮移动到适当位置后，按下"主轴启动"按钮，砂轮将按照特定的转速高速旋转，可对工件进行磨削加工。

3．"主轴停止"按钮

当磨削加工完成或需要更换工件时，需按下"主轴停止"按钮，砂轮将减速旋转直至停止。

4．冷却液开关

在磨削加工过程中，会产生大量的热量，使砂轮和工件的温度升高，这时需要开启冷却液进行冷却。若将旋钮置于"ON"处，按下"主轴启动"按钮的同时，启动冷却液泵，砂轮高速旋转的同时有冷却液喷出；若将旋钮置于"OFF"处，在加工过程中将不会启动冷却液泵。

5．"急停"按钮

当磨削加工停止或在加工过程中出现异常情况时，可按下"急停"按钮，此时，砂轮主轴将减速直至停止，冷却液泵停止运行，工作台将停止自动往复运动，仅电源指示灯亮。当需要继续加工或异常解除后，顺时针方向转动"急停"按钮，按钮将弹出，仅工作台恢复自动往复运动。要启动主轴和冷却液泵，需再次按下"主轴启动"按钮。

2.6.3　平面磨床电动装置

电动装置(控制盒)由电源开关、"X 向调速"旋钮，"X 向手动/自动"旋钮、"Y 向进给量"

旋钮、"Y向换向"按钮和"Y向点动/手动/自动"旋钮等组成，主要用来调节工作台在 X 向和 Y 向的运动参数，如图 2-10 所示。

图 2-10　平面磨床电动装置

1. 电源开关

电源开关上"ON"表示开，"OFF"表示关，"ON"时开关上部会有红色指示灯亮。

2. "X向手动/自动"旋钮及"X向调速"旋钮

(1)"X向手动/自动"旋钮转到左边，X向工作台运动为手动方式，与安装进给器前一致。转到右边为自动方式，磨床工作台自动左右移动，工作台上的感应板每感应一次，工作台立即开始换向，如此往复运动，操作者可根据工作需要任意转换。

(2)自动方式中，转动"X向调速"旋钮可以改变工作台的左右运动速度，可根据加工需要进行调节。

3. X向(左右)工作台运动方向的确定

(1)若控制盒电源开关由"OFF"按到"ON"后，"X向手动/自动"旋钮首次从"手动"打到"自动"或者该开关已经在"自动"上，X 向手轮逆时针转动，工作台向左运动，并注意开机时将工作台置于右侧。

(2)若已在通电工作中，将"X向手动/自动"旋钮从"自动"打到"手动"后工作台停止左右运动，再打到"自动"时，工作台将继续停止前的动作。

4. "Y向换向"按钮、"Y向点动/手动/自动"旋钮及"Y向进给量"旋钮

(1)"Y 向点动/手动/自动"旋钮转到"点动"时，工作台向前或者向后运动，手松开旋钮后，恢复到手动状态，工作台停止运动。

(2)"Y 向点动/手动/自动"旋钮转到"手动"时，工作台的前后运动完全手控，与安装进给器前一致。

(3)"Y 向点动/手动/自动"旋钮转到"自动"时，工作台的前后运动完全处于自动状态，工作台左右换向的同时，前后方向自动进给一定距离，进给量由操作者通过"Y 向进给量"旋钮进行调节，换向位置由 3 槽 T 形槽板上中间的两个换向撞块的位置决定。

(4)若 Y 向(前后)处于自动工作方式，可人为改变工作台的运动方向(不需要通过撞块)，按下"Y 向换向"按钮一次，当前方向就改变一次。

2.6.4　平面磨床加工实例

（1）用干净布将工作台上的防锈油擦净。

（2）根据工作材质及加工工序，安装所需规格的砂轮并对砂轮进行平衡调整，如图 2-11 所示。

（3）使用金刚石笔修整砂轮底面，或于需要时修整其侧面。金刚石笔用固定架衔住，禁止手拿金刚石笔修整砂轮。

（4）快速顺时针（UP）转动上下进给手轮，把砂轮升高，再次将工作台擦拭干净后，开启照明灯并转动 X 向进给手轮，将工作台移至外侧。

（5）工件装夹时必须提前去除毛刺，所选的垫块应适当，防止工件飞出，将工件轻置于工作台适当加工位置，将六角扳手拧到"ON"的位置进行上磁固定，如图 2-12 所示，确认工件吸牢后，转动 X 向进给手轮移回工作台。

图 2-11　安装砂轮

图 2-12　工作台上磁固定工件

（6）调整照明灯位置，手动顺时针转动控制面板的"急停"按钮 90°，按下"主轴启动"按钮，砂轮高速转动。

（7）快速逆时针（DOWN）转动上下进给手轮，降低砂轮，待砂轮接近工件上表面时，按手轮刻线量度缓慢降低砂轮，直至听到轻微摩擦声，开启冷却液泵和冷却液阀，使适量冷却液排出，对砂轮和工件进行冷却和冲刷。

（8）根据工件长度和宽度，通过调整 X 向进给手轮和 Y 向进给手轮，确定工作台的运动范围，并固定 X 向和 Y 向的往复限位挡铁和行程开关至适当加工位置，如图 2-13 所示。

（9）按动电动装置（控制盒）的电源开关至"ON"位置，开启控制盒，将"X 向手动/自动"旋钮和"Y 向点动/手动/自动"旋钮转到"自动"位置，并调节"X 向调速"旋钮和"Y 向进给量"旋钮至适当加工位置，工作台的水平运动进入自动模式。

（10）根据具体磨削情况，逆时针（DOWN）缓慢转动上下进给手轮，缓慢进给砂轮，磨削进给量要均匀，且只有当砂轮摆动离开工件时方可进刀。

图 2-13　往复限位挡铁和行程开关

（11）进入正常磨削加工时，需选择适当的磨削用量进行加工；精磨时纵向进给量要小，无进给量的空行程次数要足够多,且不留砂轮走刀的痕迹。

(12)待工件一次磨削加工结束后,按下"急停"按钮,砂轮停止运转,工作台停止运动。转动 X 向进给手轮,将工作台移至外侧,拆卸工件及垫块。

(13)磨削结束后,修钝工件各棱边、毛刺,并把油污、磨屑、水分等污渍擦拭干净,涂油防锈。

2.6.5 实训任务

利用金刚石砂轮,对直径为 25mm、厚度为 6mm 左右的圆柱形氮化硅陶瓷毛坯进行平面磨削加工,使其厚度为 5mm(双面加工)。

2.7 注 意 事 项

(1)了解电动工具的性能,操作前认真阅读讲义,避免误操作可能带来的人身伤害。

(2)保持工作台面的清洁,工作台面杂乱很可能引起事故。

(3)仔细检查砂轮表面是否有闷缝或者裂纹等缺陷。

(4)首次使用或长久未用电机时,应检查电机的绝缘性能及三相直流电阻是否良好,若良好方可通电。

(5)随时检查吸盘吸力是否有效,工件是否吸牢,防止飞物伤人。

(6)使用纵横自动进刀时,应首先将往复限位挡铁调好,紧固。

(7)磨削时,使砂轮逐渐接触工件,使用冷却液时要装好挡板及防护罩。

(8)实验人员和参观者观察机床运行时,注意与刀具和工件保持一定距离。

(9)砂轮机启动后,要空转 2~3min,待砂轮机运转正常时,才能使用,进行磨削时,应侧位操作,禁止面对着砂轮圆周进行磨削。

(10)砂轮不准沾水,要经常保持干燥,以防止湿水后失去平衡,发生事故。

(11)女生需要戴帽观察,严禁穿拖鞋和松散衣物。

(12)严格按教师的要求行事,养成按规程操作的好习惯。

(13)机器工作时人不允许离开。切断电源,机器完全停止运动后,人方能离开。

2.8 思 考 题

(1)简述卧轴矩台手摇平面磨床的基本结构。

(2)操作卧轴矩台手摇平面磨床有哪些注意事项?

第3章 专用工具磨床

3.1 概　　述

　　磨削加工指在磨床上用磨具对工件表面进行精加工，利用磨料去除材料多余部分，使工件的各项技术指标达到图纸要求。磨削加工是使用最早且应用较为广泛的切削加工方法之一，是一种比较精密的金属加工方式，加工余量小、精度高。磨削用于加工各种工件的内外圆柱面、圆锥面、平面、斜面、垂直面，以及螺纹、齿轮和花键等特殊、复杂的成形表面。由于砂轮磨粒的硬度很高，磨具又具有自锐性，磨削可以用于加工各种软硬材料和非金属材料，包括未淬硬钢、铸铁、淬硬钢、高强度合金钢、硬质合金、有色金属、玻璃、陶瓷和大理石等高硬度金属和非金属材料。磨削速度是指砂轮线速度，一般磨削速度为 30～35m/s，超过45m/s 时称为高速磨削。磨削通常用于半精加工和精加工，磨削速度高、耗能多，切削效率低，磨削温度高，工件表面易产生烧伤、残余应力等缺陷。金属切除率比一般切削小，故在磨削之前工件通常都先经过其他切削方法去除大部分加工余量，仅留 0.1～1mm 或更小的磨削余量。随着缓进给磨削、高速磨削等高效率磨削的发展，已经能从毛坯直接把零件磨削成形。也有用磨削作为粗加工的，如磨除铸件的浇冒口、锻件的飞边和钢锭的外皮等。

　　在磨床上磨削加工是零件精加工的主要方法之一。磨削时可采用砂轮、油石、磨头、砂带等作为磨具，而最常用的磨具是用磨料和结合剂做成的砂轮。

　　从本质上来说，磨削加工是一种切削加工，但又不同于车削、铣削、刨削等加工方法，有以下工艺特点。

　　1）磨削属多刃、微刃切削

　　砂轮上的每一粒磨粒均相当于一个切削刃，而且切削刃的形状及分布处于随机状态，每个磨粒的切削角度、切削条件和锋利程度均不相同。不同的磨粒对工件表面分别起着切削、摩擦、抛光的作用。

　　2）加工精度高

　　磨削属于微刃切削，切削厚度极薄，每个磨粒切下的切屑体积很小，切削厚度一般只有0.01～1μm，可获得很高的加工精度和极低的表面粗糙度值。

　　普通磨削的尺寸公差等级可达 IT3～IT5，表面粗糙度 Ra 值可达 0.2～0.9μm。

　　精密磨削的尺寸公差等级可达 IT4，表面粗糙度 Ra 值可达 Ra0.08μm，镜面磨削可达Ra0.01μm，圆度公差可达 0.1μm。

　　3）磨削速度高

　　普通磨削的砂轮线速度很高，可达 30～45m/s，目前的高速磨削砂轮线速度已达到 50～250m/s，故磨削区温度很高，可达 1000～1500℃，可以造成工件表面烧伤、退火、裂纹，因此磨削时必须使用冷却液。磨削中每个磨粒的切削过程历时很短，只有 1/10000s 左右。

　　4）加工范围广

　　磨削加工应用范围广，是零件精加工的主要方法之一，主要适用于精度和表面质量要求较高工件的加工，磨粒硬度很高，因此磨削不但可以加工碳钢、铸铁等常用金属材料，还能加工一般刀具难以加工的高硬度材料，如淬火钢、硬质合金等。但磨削不太适宜加工硬度低而塑性大的金属材料，即通常所说的黏性大的材料。

5)切削深度小

磨削的切削深度小，在一次行程中所能切除的金属层很薄，一般磨削加工的金属切除率低，生产率较低，而高速磨削和强力磨削则可提高金属切除率。

图 3-1　专用工具磨床

磨削加工是机械制造中重要的加工工艺，已广泛用于各种表面的精密加工。许多精密铸件、精密锻件和重要配合面也要经过磨削才能达到精度要求。因此，磨削在机械制造业中的应用日益广泛。

本实训所使用的是 ZT-120 型专用工具磨床，如图 3-1 所示。该磨床主要用于磨削人造金刚石、立方氮化硼及硬质材料等制成的多类刀具及工件。此机床可实现恒压磨削，能够满足高精度、高光洁度刀具的刃磨。专用工具磨床配置了刀具半径在线测量装置，放大倍数为 9～45，无级可调，可刃磨出高精度刀尖圆弧或圆弧刀。

3.2　实 训 目 标

(1)了解专用工具磨床的基本结构及操作方法。

(2)掌握专用工具磨床对刀的基本步骤。

(3)能够熟练操作专用工具磨床对硬质合金刀具进行圆弧磨削加工。

3.3　专用工具磨床结构

专用工具磨床主要由主机、润滑系统、冷却系统、CCD 测量系统和光栅系统等组成。

1. 主机

主机是磨床的核心部分，除机床磨头电机外，还包括主轴上下移动手轮、主轴倾斜角手轮、磨头定位手轮、磨头左右摇摆距离手轮、旋转工作台、工作台进给手轮、压力调节钮和旋转工作台固定装置(脚踏式制动开关)等。

1)机床磨头电机

专用工具磨床的磨头电机可以正反双向工作和 0～4200r/min 无级调速，功率约为 2.2kW，可直接通过按动操作面板上的相应按钮实现电机反向运转。

2)主轴上下移动手轮

根据磨削加工需要，转动手轮，可以实现主轴在一定范围内的上下移动。

3)主轴倾斜角手轮

根据磨削加工需要，转动手轮，可以调节主轴在移动倾角范围内的倾斜角度。

4）磨头定位手轮

根据磨削加工需要，转动手轮，可以调节主轴在水平方向的加工位置。

5）磨头左右摇摆距离手轮

根据磨削加工需要，转动手轮，可以调节主轴在水平方向的摆动幅度。

6）旋转工作台

旋转工作台是由固定于转轴上的相互垂直的两组丝杠组成的，如图 3-2 所示，工件夹具安置在一组丝杠平台上，主要用于装夹磨削工件，两个手轮分别控制两组丝杠，可实现工件水平位置的调整和以转轴为轴心 270°旋转，当转动到适合加工的位置时，可通过调节限位对工作台的旋转位置范围进行限定。

图 3-2　旋转工作台

7）工作台进给手轮

当工作台在气缸的推动下以快速进刀方式到达砂轮附近合适位置后，需要转动进给手轮对工件位置进行微调，直至工件磨削面到达砂轮加工位置，在磨削加工过程中，转动进给手轮可以使工件做微小的进给运动以实现精细加工。

8）压力调节钮

启动系统是通过空气压缩机作为气源的，通过压力调节钮调节驱动气源的压力来调整机床的工作压力。

9）旋转工作台固定装置（脚踏式制动开关）

脚踏式制动开关主要用于固定工作台的旋转位置，踩下脚踏式制动开关，电磁制动离合器得电抱紧，工作台将处于固定状态，工作完毕后，再次踩下脚踏式制动开关，电磁制动离合器失电松开，磨削加工将进入下一个工作循环。

2. 润滑系统

润滑系统分为手动润滑和自动润滑两部分。

1）手动润滑

专用工具磨床床体上多配有油枪，手动润滑为用油枪手动注油，如旋转工作台丝杠和 X、Y、Z 轴滑板多为手动注油润滑。

2）自动润滑

自动润滑是通过型号为 TM630 的自动间歇润滑泵为机床的十字工作台滑板、摆幅滑板和摆幅连杆等十个润滑点进行自动润滑。

3. 冷却系统

专用工具磨床的冷却系统主要由冷却泵、水箱和管路组成，具有冷却、清洗、过滤和沉淀等作用，冷却时的水流大小可通过阀门进行调节。冷却水是具有水溶性和防锈效果的切削液，浓度太低容易使机床部件生锈，浓度太高则不利于切削加工，因而在使用设备前，操作者要对冷却液进行合理配比混合。

4. CCD 测量系统

CCD 测量系统主要由 12V DC 电源、监视器、CCD 摄像机、变焦物镜、精密分划板、场镜、定焦物镜等组成，通过夹持架和机床三维移动架进行连接。CCD 测量系统的放大倍数为 7～45，采用大视角液晶监视器，实现了工件磨削加工在线观察和检测。

5. 光栅系统

光栅系统主要用于机床等设备行程和角度的精密测量，测量数据在数显表荧光屏上显示。专用工具磨床的数显表用来显示机床的两个参数，荧光屏的上行显示砂轮的进刀量，下行显示工件旋转的角度，面板右侧的按键可对数显表参数等进行设置。

3.4　专用工具磨床原理

实训中专用工具磨床是利用碗形金刚石砂轮的高速回转运动和待加工硬质刀片随旋转工作台的旋转运动的合运动对工件进行磨削加工的。

磨削加工的实质是工件的金属表层在无数磨粒的瞬间挤压、刻划、切削、摩擦、抛光作用下的加工过程。磨削瞬间起切削作用的磨粒的磨削过程可分为 4 个阶段：第一阶段是砂轮表面的磨粒与工件材料接触的弹性变形阶段；第二阶段是磨粒继续切入工件，工件进入塑性变形阶段；第三阶段是材料的晶粒发生滑移，使塑性变形不断增大，当磨削力达到工件材料的强度极限时，被磨削层的材料产生挤裂的阶段；第四阶段是被磨削材料的切离阶段。

磨削过程表现为力和热的作用。磨削热是在磨削过程中，由于被磨削材料层的变形、分离及砂轮与被加工材料间的摩擦而产生的热。磨削热较大，热量传入砂轮、磨屑、工件或被切削液带走。然而，砂轮是热的不良导体，几乎 80% 的热量传入工件和磨屑，并使磨屑燃烧。磨削区域的高温会引起工件的热变形，从而影响加工精度，严重的会使工件表面灼伤，出现裂纹等弊病。因此，磨削时应特别注意对工件的冷却和减小磨削热，以减小工件的热变形，防止工件表面产生灼伤和裂纹。

3.5　设　备　参　数

3.5.1　机床主要参数

（1）磨削圆弧大小：0.04～70mm。

（2）磨削压力：0～450N（可调）。

(3)砂轮转速：0～4200r/min(可调)。

(4)砂轮规格(外径×孔径×厚度)：$\phi150mm×\phi40mm×40mm$。

(5)砂轮左右摆动频率：0～40 次/min(可调)。

(6)砂轮左右摆动距离：0～40mm(可调)。

(7)砂轮上下移动距离：148mm。

(8)砂轮左右移动行程：350mm。

(9)砂轮倾斜角度：$-11°～25°$。

(10)工作台旋转角度：270°。

(11)工作台规格(长×宽×高)：220mm×160mm×4mm 沟槽。

(12)主轴电机功率：2.2kW。

3.5.2　刀具半径在线测量装置主要参数

(1)测量半径 R：0.04～6mm。

(2)CCD 尺寸：1/3″。

(3)有效像素(dpi)：752(水平)×582(垂直)。

(4)分辨率：570P。

(5)工作温度：$-10～40℃$。

(6)测量装置最下端到待测刀具表面的距离：265mm。

(7)光电测量装置本体总长：351.54mm，主筒直径：32mm。

3.6　实 训 内 容

3.6.1　专用工具磨床操作面板

专用工具磨床的操作面板如图 3-3 所示，接通电源后，电源指示灯亮，便可以对机床进行操作。应注意的是，在机床运转之前，应将"砂轮调速"旋钮、"摆动频率"旋钮和"摆动幅度"手轮归零。为方便磨削刀具，满足加工需求，通过"砂轮正转"和"砂轮反转"按钮可选择砂轮主轴正反转。主轴运转后，用"砂轮调速"旋钮对其进行调速，转速数值将在荧光屏上显示，直至达到加工所要求的砂轮转速。

机床摆动运行可根据工件的加工位置进行确定，先转动磨头定位手轮将磨头砂轮左移或右移至所需位置，确定摆动中心(该系统有记忆功能，停机后再启动，摆动中心不变)，再按"摆动运行"按钮，即可使砂轮主轴在水平方向做往返运动，通过转动"摆动频率"旋钮，调节至所需摆动频率(摆动速度)即可。机床主轴运转或静止的状态下均可对砂轮的摆动频率和摆动幅度进行调整操作，按动"摆动停止"按钮，主轴即停止往复运动。

按动"水泵运行"按钮，水泵则会自动给磨头供水。按动"水泵停止"按钮，水泵则会停止供水。

按动"快速进刀"按钮，气缸推动工作台快速进给，当完成一次磨削加工后，按动"快速退刀"按钮，气缸快速拉回工作台，返回初始位置；按动"气动停止"按钮，工作台将停止在任意位置。

当加工结束后，按动面板最右侧的"急停"按钮，结束整个磨削加工过程。

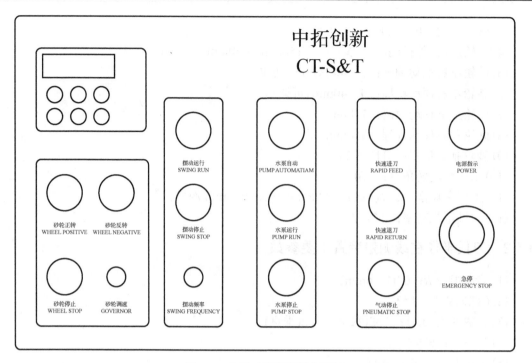

图 3-3　专用工具磨床操作面板

磨削加工时，操作者要根据不同的需要来调整各种手轮，配合操作面板上各个按键的功能，实现刀具的磨削精加工。磨床运转时，磨削刀具是相对磨头往复摆动加工的。

3.6.2　专用工具磨床对刀

对刀过程是专用工具磨床磨削加工的关键，主要是利用 CCD 测量系统、工作台手轮和三维移动架手轮对工件和分划板中心的相对位置进行调整，使二者的轴心位置重合，并调整工件在分划板上的加工位置，即确定工件圆弧半径。

1. CCD 测量系统

CCD 测量系统如图 3-4 所示。

(1)CCD 摄像机主要用来拍摄要测量的工件。

(2)分划板微调旋钮主要是为了微调 CCD 分划板的清晰度。

(3)分划板 360°旋转钮的主要功能是 360°旋转分划板。

(4)通过旋转倍数放大旋钮可以调整放大倍数，旋转时可以通过手感和上边的数字确定倍数的大小。

(5)通常 CCD 测量系统在出厂时已经调整到 1∶1(分划板和物体成像比值)的状态，安装 CCD 测量系统后把倍数放大旋钮调到 4 时为 1∶1 的状态。

(6)聚焦旋钮主要用来调整 CCD 测量系统的物距。

(7)一般情况下操作者可以不对刀尖清晰度微调旋钮进行操作，只通过聚焦旋钮调整物距即可。

图 3-5 为 CCD 分划板成像：图中圆弧半径(mm)由内向外依次为 0.05、0.1、0.2、0.3、0.4、0.5、0.6、0.7、0.8、0.9、1、1.2、1.4、1.5、1.6、1.8、2、2.2、2.4、2.5、2.6、2.8、3，操作者可以根据工件的圆弧大小进行选择。

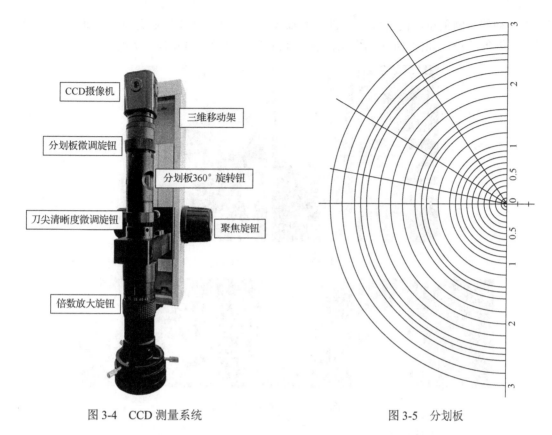

图 3-4　CCD 测量系统　　　　　　　　　　　　　图 3-5　分划板

CCD 测量系统物体实际放大倍数的计算公式为

0.5（目镜）×0.5（物镜）×放大倍数×15（监视器尺寸）×3（CCD 摄像机感光面大小）

当将倍数放大旋钮调到 4 时，根据公式计算 0.5×0.5×4×15×3=45，即物体放大 45 倍时，则分划板和物体成像是 1∶1 的关系，也就是说圆弧对准哪条刻线就可磨出相应 R 的圆弧。

如果磨削 R6（圆弧半径为 6mm，下同）的圆弧，在 1∶1 的状态看不到 R6 这条刻线，此时需要旋转倍数放大旋钮，降低倍数到 2 或 1，将分划板和物体成像关系变为 2∶1 或 4∶1，即可把工件圆弧加工到 R3 或 R1.5，分划板成像状态不变；若加工 R4 的圆弧，则可以把工件切换到 R2 或 R1。

2. 对刀

对刀分为两个过程：一是调整工件和分划板轴心位置，使二者重合；二是根据加工要求，调整工件在分划板上的加工位置。

1）对轴心位置

通过工作台手轮和三维移动架手轮同时调整轴心位置，工作台手轮控制工件运动，三维移动架手轮控制 CCD 测量系统移动，最终使二者的轴心位置重合。

一般情况下，以分划板 X 轴线（竖直线）为基准线，选择工件的一条侧边，转动旋转工作台，使所选的工件侧边与基准线平行，假定两边的垂直距离为 A，调整工作台手轮，使侧边与基准线的垂直距离为 A/2 左右，再调整三维移动架侧面手轮，使侧边与基准线重合；转动旋转工作台至所选工件侧边（同上侧边）再次与基准线平行的位置，重复以上操作，直至转动工作台使侧边与基准线平衡即重合；转动工作台，使侧边与分划板 Y 轴线（水平线）平行，调整三维移动架后侧手轮，使侧边与分划板 Y 轴线重合，则工件和分划板轴心位置重合，完成对轴心位置的操作，如图 3-6 所示。轴心重合位置的监视器图像如图 3-7 所示。

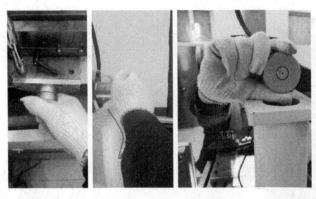

图 3-6 调整轴心位置

图 3-7 轴心重合图像

2) 对工件位置

确定工件和分划板轴心位置后，不能再调节三维移动架手轮，只能通过旋转工作台手轮对工件位置进行调整，工件和分划板轴心位置不变。

观察监视器，同时双手控制旋转工作台的两个手轮，调整工件相对分划板的位置，若加工的圆弧半径 R 为 1mm，则需要调整 CCD 测量系统的倍数放大旋钮至 4 的位置，再选取四个工件位置来设定工件圆弧半径，图像如图 3-8 所示，调节工作台手轮，使工件两侧边无论在哪个位置，均与 $R1$ 的刻度线相切，则完成了圆弧半径的设定操作。

图 3-8 设定工件圆弧半径图像

3.6.3 专用工具磨床加工实例

本实训以磨削硬质合金基底圆弧为例进行说明（仅供实训练习用）。磨削圆弧半径为 1mm，硬质合金基底为 35°菱形片状结构。

(1) 开启墙壁电源空气开关和空气压缩机开关，按动机床左侧的绿色按钮启动设备。

(2) 装夹预磨削硬质合金基底（以下称工件）。

(3) 观察监视器，调节 CCD 测量系统三维移动架两侧的聚焦旋钮，对预磨削工件进行聚焦，调整 CCD 摄像机物距直至工件清晰成像。

(4) 观察监视器，对预磨削工件进行对刀，并调整工件相对分划板的位置，确定磨削圆弧半径。

(5) 顺时针转动 90° 面板最右侧的"急停"按钮，按钮弹出，调整磨头左右摇摆距离手轮、"砂轮调速"旋钮和"摆动频率"旋钮，使砂轮调速、摆动频率、摆动幅度等归零。

(6) 根据需要，通过机床操作面板上的"砂轮正转"按钮、"砂轮反转"按钮和"砂轮调速"旋钮设定砂轮旋转方向和砂轮转速。

(7) 按动"水泵运行"按钮，水泵自动给磨头供水，按动"快速进刀"按钮，气缸推动工作台带动工件至砂轮附近的合适位置。

(8) 根据需求调整磨头定位手轮和磨头左右摇摆距离手轮和"摆动频率"旋钮，确定摆动中心位置、摆动频率和摆动幅度等磨削参数，要求工件两侧边分别与砂轮磨削面平行时，工件磨削刃前段必须在砂轮磨削面内侧，以免造成砂轮损坏，如图 3-9 所示。

图 3-9 确定砂轮摆动中心位置和摆动幅度

(9) 转动工作台，在工件两侧边分别与砂轮磨削面平行时，踩踏脚踏式制动开关锁定工作台位置并调整限位，将工作台限制在加工需要的范围内；左手转动工作台进给手轮，将工件微调至磨削位置；自定义加工零点位置，依次按"clear+X"键和"clear+Y/Z"键将砂轮进刀量和工作台旋转角度归零。

(10) 再次踩踏脚踏式制动开关解锁工作台，左手控制工作台进给手轮，对工件的进给运动进行微调，右手控制工作台转动角度，对工件进行磨削加工，工件圆弧磨削图像如图 3-10 所示。

(11) 待磨削完毕后，按动操作面板上的"快速退刀"按钮，气缸快速拉回工作台，返回初始位置；再按动"砂轮停止"按钮和"水泵停止"按钮关闭砂轮和水泵，取下工件，加工结束，磨削加工前后的工件对比如图 3-11 所示。

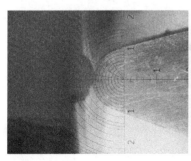
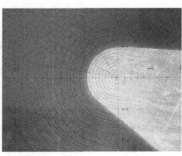
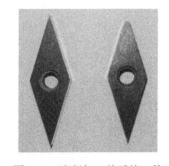

图 3-10 工件圆弧磨削图像　　　　　　　图 3-11 磨削加工前后的工件

(12) 按动操作面板上的"急停"按钮或按动机床左侧的红色按钮关闭机床，关闭墙壁电源空气开关并清理工作台。

3.6.4　实训任务

对正三角形聚晶立方氮化硼复合片进行圆弧磨削加工，要求 R 为 1mm。

3.7　注　意　事　项

(1) 机床运转之前，将"砂轮调速"旋钮、"摆动频率"旋钮、"摆动幅度"手轮旋至归零。

(2) 启动主轴前，必须关闭砂轮罩，只有在砂轮完全停止后，才能打开砂轮罩。

(3) 调整主轴摆动幅度时，工件磨削刃前段必须在砂轮磨削面内侧，以免造成砂轮损坏。

(4) 操作时，双手必须远离砂轮，且在砂轮工作范围内禁止放置杂物。

(5) 禁止用湿手触及设备开关、按钮，以防触电。

(6) 磨削工件时，应防止切削液溅射到物镜镜片上影响测量。

3.8　思　考　题

(1) 简述专用工具磨床的对刀流程。

(2) 什么是磨削热？

(3) 专用工具磨床的加工注意事项有哪些？

第4章 数控车床

4.1 概 述

数控机床是数字控制机床的简称，是一种装有程序控制系统的自动化机床，该控制系统能够处理具有控制编码或其他符号指令规定的程序，并将其译码，用代码化的数字表示，通过信息载体输入数控装置，经运算处理由数控装置发出各种控制信号，控制机床的动作，按图纸要求的形状和尺寸，自动地将零件加工出来。利用数控加工可有效提高生产率，稳定价格、质量，缩短加工周期，实现对各种复杂精密零件的自动化加工，易于在工厂或车间实行计算机管理，节省人力、改善劳动条件，有利于加快产品的开发和更新换代，提高企业对市场的适应能力并提高企业的综合经济效益。

数控车削是数控加工领域应用最多的加工方式之一，数控车床在数控机床加工中占有重要的地位。通常，可将数控车床分为以下几类。

(1)卧式数控车床：有双轴卧式车床和单轴卧式车床之分。可通过手摇方式进行操作，刀架一般安装在轴心线后部，其最主要的运动范围也处于轴心线后半部，便于操作人员接近工件。该类车床床身短、占地小，适用于盘类工件加工。

(2)立式数控车床：有双柱立式车床和单柱立式车床之分。采用立轴布置方式，适用于中等尺寸壳体类工件和盘类工件加工。

(3)高精度数控车床：有中、小型两种规格。主要用于精密设备或电子及航天等行业的精密工零件加工。

(4)四坐标数控车床：通常设有两套 X、Z 坐标或多坐标复式刀架，可扩大工艺能力，提高加工效率。

(5)车削加工中心：可在一台车床上完成多道加工工序，可有效提高机床的加工效率和加工精度。主要用于中小批量的柔性加工。

本实训所使用的设备为 CJK6032 型卧式数控车床，如图 4-1 所示。

数控车床系统由硬件和软件组成。目前，国内使用较广的是发那科数控系统、广州数控系统和华中数控系统等。华中数控系统产品主要有 HNC-IT、HNC-2000T、HNC-21T/22T、HNC-18iT/19iT、HNC-210T 和 HNC-8 等系列，其中，以"世纪星" HNC-21T/22T 系列和 HNC-8 系列较为常见，二者在手动操作和程序录入的过程中略有差异，操作时应注意区分。本实训对华中数控 HNC-21T 数控系统进行介绍。HNC-21T 数控系统采用液晶显示器、内装式 PLC，可与多种伺服驱动单元配套使用，具有开放性好、结构紧凑、集成度高、性价比高、可靠性好和操作维护方便等特点。

图 4-1　数控车床

4.2　实 训 目 标

(1)了解数控车床的基本结构及操作方法。

(2)掌握数控车床手动对刀的工作原理及基本步骤。

(3)了解数控程序编制中的不同指令功能编程格式。

(4)练习编程以及操作过程，观察不同指令的作用，了解程序运行规律。

4.3 数控车床结构

数控车床主要由数控系统和机床主机组成。数控柜、操作面板和显示监控器等数控机床特有部件构成了数控系统，用于对机床的各种动作进行自动化控制。机床主机包括床身、主轴箱和主轴、进给传动系统、液压系统、冷却系统、润滑系统等。数控车床的床身和导轨有多种形式，主要有水平床身、倾斜床身、水平床身斜滑鞍等，它构成机床主机的基本骨架。主轴箱及主轴部件的主传动系统一般采用直流或交流无级调速电动机，通过皮带传动或联轴器与主轴直联带动主轴旋转，实现自动无级调速及恒切削速度控制。主轴组件是机床实现旋转运动(主运动)的执行部件。进给传动系统一般采用滚珠丝杠螺母副，由安装在各轴上的伺服电机通过齿形同步带传动或通过联轴器与滚珠丝杠直联，实现刀架的纵向和横向移动。自动回转刀架用于安装各种切削加工刀具，具有较高的回转精度，加工过程中能实现自动换刀，以满足多种切削方式的需要。液压系统可使机床实现夹盘的自动松开与夹紧以及机床尾座顶尖的自动伸缩。冷却系统可在机床工作过程中，通过手动或自动方式为机床提供冷却液，对工件和刀具进行冷却。润滑系统提供集中供油润滑装置，能定时定量地为机床各润滑部件提供合理润滑。本实训以 CJK6032 型卧式数控车床的操作为例进行介绍。

CJK6032 型卧式数控车床为二轴联动的经济型变频主轴数控车床，适用于金属等材料的车削加工。机床采用微机控制，主轴由变频电机驱动(有高、低二挡变速)，并配备四刀位电动回转刀架，对于各种轴类零件，可自动完成内、外圆柱面，以及圆弧面和螺纹等的切削加工，并能进行切槽、钻孔和铰孔等工作。

4.4 数控车床原理

数控车削是指在数控系统的控制下，将工件装卡在主轴上做旋转运动(主运动)，结合刀具在平面内的直线或曲线进给运动进行回转体零件加工的过程，是切削加工中最基本的加工方式，主要用于加工形状轮廓复杂的或难以控制尺寸的回转体零件、精度要求高的回转体零件和带特殊螺纹的回转体零件或淬硬工件等，加工原理如图 4-2 所示。

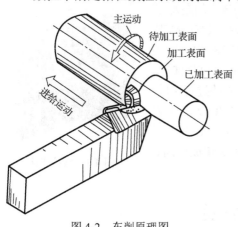

图 4-2　车削原理图

CJK6032 型卧式数控车床使用的是华中数控"世纪星"HNC-21T 数控系统，该系统结构较为简单，采用中文 CRT 显示，具有很好的人-机交互界面，通信接口可用于系统集成、联网、数据输入/输出、远程通信等，系统采用实时多任务的管理方式，能够在加工的同时进行其他操作。

4.5 设 备 参 数

(1) 中央处理器板：嵌入式工业 PC。

(2) 中央处理单元：高性能 32 位微处理器。

(3) 存储器：8MB RAM 加工缓冲区。

(4) 程序断电存储区：4MB。

(5) 显示器分辨率 (dpi) 为 640×480。

(6) MPG 手持单元：4 轴 MPG 一体化手持单元。

(7) NC 键盘：精简型 MDI 键盘和 F1～F10 功能键。

(8) 最大控制轴数：4。

(9) 最大联动轴数：4。

(10) 主轴数：1。

(11) 最大编程尺寸：99999.999mm。

(12) 最小分辨率：0.01～10μm (可设置)。

4.6 实 训 内 容

4.6.1 车刀基础知识

车刀是直接参与工件车削加工过程所必需的工具，是切削加工领域应用最广的刀具之一。车刀的性能主要由刀具的材质、结构、几何形状及角度等决定，其性能的好坏直接影响车削加工的质量和加工效率。

1. 车刀的组成

车刀通常由刀头和刀杆两部分组成。刀头是直接参与回转体工件切削加工的部分，主要由前面、主后面、主切削刃、副后面、副切削刃和刀尖等部分组成，刀杆用于车刀装夹，便于将车刀装卡在车床刀架上，如图 4-3 所示。

(1) 前面：刀具的上表面，车削加工过程中，直接作用于被切削层金属，切屑流过此表面并沿其排出。

(2) 主后面：切削加工时同工件待加工表面相互作用并相对着的刀面。

(3) 主切削刃：又称为主刀刃，是前面和主后面相交的刀刃，用于主要的切削工作。

(4) 副后面：切削加工时同工件已加工表面相互作用并相对着的刀面。

(5) 副切削刃：前面和副后面相交的刀刃，用于辅助主切削刃进行切削工作。

(6) 刀尖：主切削刃和副切削刃相连的部位，通常带有圆弧形或直线形的过渡刃，以提高刀尖的强度和使用寿命。

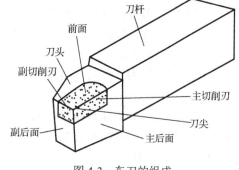

图 4-3 车刀的组成

2. 车刀的类型

不同类型的车刀适用于不同的切削加工过程，常用车刀分类如下。

1)按车刀用途分类

按照用途不同，可将数控车刀分为外圆车刀、端面车刀、切断刀、车孔刀、螺纹车刀和成形车刀等，如图 4-4 所示。

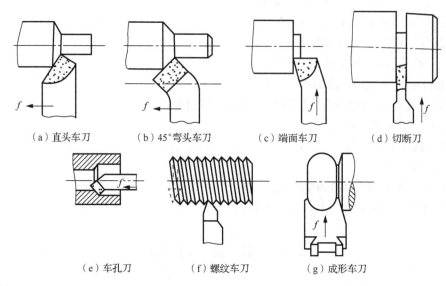

（a）直头车刀　　　（b）45°弯头车刀　　　（c）端面车刀　　　（d）切断刀

（e）车孔刀　　　　（f）螺纹车刀　　　　（g）成形车刀

图 4-4　常用车刀种类

（1）外圆车刀。

这类车刀又称为尖刀，适用于工件外圆、平面和倒角的车削加工，外圆车刀又分为直头车刀、45°弯头车刀和 75°强力车刀三种。

（2）端面车刀。

这类车刀的主偏角为 90°，通常用来车削工件的台阶和端面，也可用来车削工件外圆，可有效避免车削细长工件外圆时将工件顶弯。端面车刀又有左偏刀和右偏刀之分，通常加工使用的是右偏刀，其切削刃向左。

（3）切断刀。

这类车刀的刀头较长，切削刃狭长，这种设计特点在加工中可有效减少工件材料的损耗，同时，刀头长度需要大于工件半径，以保证切断时能切到工件轴心位置。

（4）车孔刀(扩孔刀)。

车孔刀又称为镗孔刀，用来加工工件内孔，分为通孔刀和不通孔刀两种。

（5）螺纹车刀。

这类车刀分为三角形螺纹车刀、方形螺纹车刀和梯形螺纹车刀等，可分别加工与其相对应的工件螺纹。螺纹的种类繁多，其中以三角形螺纹最为常见，应用最为广泛。

（6）成形车刀。

这类车刀又称为样板车刀，所加工的零件形状完全由车刀刀刃的尺寸和形状决定。在数控车削加工中，常见的成形车刀主要有小半径圆弧车刀和非矩形车槽刀等。

2)按车刀结构分类

按照结构不同，可将数控车刀分为整体式车刀、焊接式车刀和机械夹固式车刀，如图 4-5

所示。

(1)整体式车刀。

这类车刀主要为整体式高速钢车刀,常用于小型车刀、螺纹车刀和形状复杂的成形车刀等。这类车刀通常具有抗冲击性能好、抗弯强度高、制造简单、刃磨方便和刀口锋利等优点。

(2)焊接式车刀。

这类车刀是将硬质合金刀片焊接在刀杆上进行车削加工的一种车刀,具有刚性好、结构紧凑、制造方便和结构简单等优点,但其抗冲击性能差、抗弯强度低、切削刃不如整体式高速钢车刀锋利,不能制作复杂刀具。

(3)机械夹固式车刀。

这类车刀是将标准的硬质合金可换刀片通过机械夹固的方式固定于刀杆上进行车削加工的一种车刀,可有效避免焊接内应力引起的刀具寿命缩短问题,刀杆利用率高,应用方便灵活,是当前数控车床使用最为广泛的车刀类型之一。

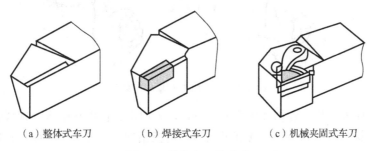

(a)整体式车刀　　　(b)焊接式车刀　　　(c)机械夹固式车刀

图 4-5　数控车刀的分类

3. 车削加工范围

在机械加工领域,车床应用相当广泛。车床上所使用的刀具主要有车刀、钻头、铰刀、丝锥和滚花刀等,因此利用车削加工能够完成的机械加工作业有很多,主要加工范围如图 4-6 所示。

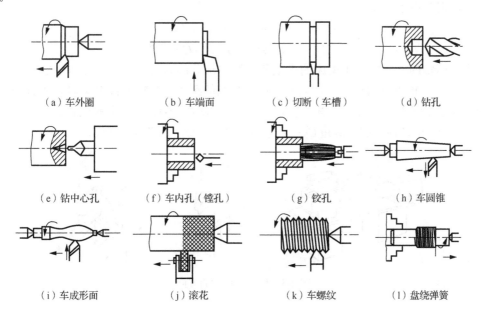

(a)车外圈　　　(b)车端面　　　(c)切断(车槽)　　　(d)钻孔

(e)钻中心孔　　　(f)车内孔(镗孔)　　　(g)铰孔　　　(h)车圆锥

(i)车成形面　　　(j)滚花　　　(k)车螺纹　　　(l)盘绕弹簧

图 4-6　车削加工范围

4.6.2　数控车床坐标系

数控车床坐标系是为了确定工件在机床中的位置、机床运动部件的位置和运动范围等而建立的几何坐标系。操作者需要准确掌握机床坐标系、机床零点、机床参考点、工件坐标系、程序原点和对刀点等概念，并能熟练地对机床加工坐标系进行设定。

1. 机床坐标轴

为简化编程并保证程序的通用性，对数控机床的坐标系和运动方向均制定了统一的标准，规定直线进给坐标轴用 X、Y、Z 表示，称为基本坐标轴。坐标轴的相互关系由右手笛卡儿直角坐标系决定，如图 4-7 所示。

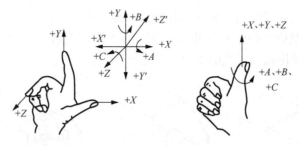

图 4-7　右手笛卡儿直角坐标系

伸出右手，使大拇指、食指和中指互为 90°，大拇指、食指和中指分别代表 X 轴坐标、Y 轴坐标和 Z 轴坐标，则大拇指指向 X 轴正方向，食指指向 Y 轴正方向，中指指向 Z 轴正方向。围绕 X、Y、Z 轴旋转的圆周进给坐标轴分别用 A、B、C 表示，根据右手螺旋定则，以大拇指指向+X、+Y、+Z 方向，则食指、中指等的指向是圆周进给运动的+A、+B、+C 方向。

数控机床的进给运动，有的由工作台带着工件运动来实现，有的由主轴带动刀具运动来实现，上述坐标轴正方向是假定工件不动，刀具相对于工件做进给运动的方向。如果工件移动用加 "′" 的字母表示，按相对运动的关系，工件运动的正（负）方向恰好与刀具运动的正（负）方向相反，则有以下关系：

$$+X = -X', \quad +Y = -Y', \quad +Z = -Z'$$
$$+A = -A', \quad +B = -B', \quad +C = -C'$$

机床坐标轴的方向取决于机床的类型和各组成部分的布局，对车床而言，Z 轴与主轴轴线重合，沿着 Z 轴正方向移动将增大零件和刀具间的距离；X 轴垂直于 Z 轴，平行于横向拖板方向，以轴心线为界，刀架沿着 X 轴正方向移动将增大零件和刀具间的距离；Y 轴（通常是虚设的）与 X 轴和 Z 轴一起构成遵循右手定则的坐标系，如图 4-8 所示。

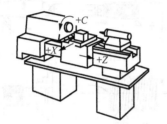

图 4-8　机床坐标轴的方向

2. 机床坐标系、机床零点和机床参考点

机床坐标系是机床固有的坐标系，机床坐标系的原点称为机床原点或机床零点。在机床经过设计、制造和调整后，这个原点便被确定下来，它是固定的点。数控装置上电时并不知道机床零点，为了正确地在机床工作时建立机床坐标系，通常在每个坐标轴的移动范围内设置一个机床参考点（测量起点），机床启动时，通常要机动或手动回参考点，以建立机床坐标系。

机床参考点可以与机床零点重合，也可以不重合，通过参数指定机床参考点到机床零点的距离。机床回到了参考点位置，也就知道了该坐标轴的零点位置，找到所有坐标轴的参考点，CNC 就建立起了机床坐标系。

机床坐标轴的机械行程是由最大和最小限位开关来限定的。机床坐标轴的有效行程范围是由软件限位来界定的。机床零点（OM）、机床参考点（Om）、机床坐标轴的机械行程及有效行程的关系如图 4-9 所示。

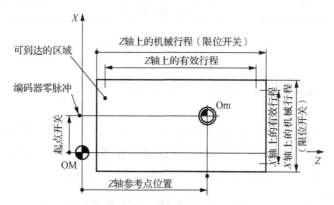

图 4-9　机床坐标轴的机械行程和有效行程的关系

3. 工件坐标系、程序原点和对刀点

工件坐标系是编程人员在编程时使用的，编程人员选择工件上的某一已知点为原点（也称程序原点），建立一个新的坐标系，称为工件坐标系。工件坐标系一旦建立便一直有效，直到被新的工件坐标系所取代。工件坐标系的原点选择要尽量满足编程简单、尺寸换算少、引起的加工误差小等条件。一般情况下，程序原点应选在尺寸标注的基准或定位基准上。对车床编程而言，工件坐标系原点一般选在工件轴线与工件的前端面、后端面、卡爪前端的交点上。

对刀点是零件程序加工的起始点，对刀的目的是确定程序原点在机床坐标系中的位置，对刀点可与程序原点重合，也可在任何便于对刀之处，但该点与程序原点之间必须有确定的坐标联系。可以通过 CNC 将相对于程序原点的任意点的坐标转换为相对于机床零点的坐标。加工开始时要设置工件坐标系，用 G92 指令可建立工件坐标系；用 G54～G59 及刀具指令可选择工件坐标系。

4.6.3　数控车床操作

本实训对 CJK6032 型卧式数控车床数控装置操作台各按键的操作功能进行说明。华中数控"世纪星" HNC-21T 数控装置操作台为固定式结构，外形尺寸（长×宽×高）为 420mm× 310mm×110mm，体积小、结构美观，如图 4-10 所示。数控装置操作台由液晶显示器、NC 键盘（MDI 键盘和功能键）、机床控制面板、"急停"按钮和 MPG 手持单元等组成。

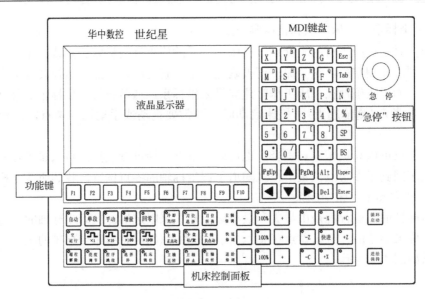

图 4-10　数控装置操作台

1. 液晶显示器

分辨率（dpi）为 640×480 的彩色液晶显示器主要用于显示系统状态、菜单程序、故障报警和加工轨迹等。

HNC-21T/22T 系统软件操作界面如图 4-11 所示。该界面主要由图形显示窗口、菜单命令条、运行程序索引、选定坐标系下的坐标值、工件坐标零点、倍率修调、辅助机能、当前加工程序行和当前加工方式、系统运行状态及当前时间等部分组成。

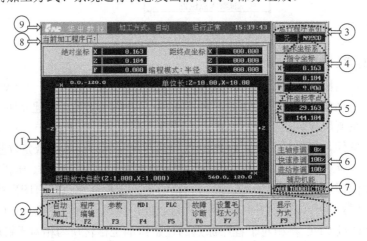

图 4-11　HNC-21T/22T 系统软件操作界面

1）图形显示窗口

可以根据需要，使用功能键 F9 对窗口的显示内容进行设置。

2）菜单命令条

可以通过菜单命令条中的功能键 F1～F10 来进行系统功能的操作。

3）运行程序索引

显示自动加工中的程序名和当前程序段行号。

4) 选定坐标系下的坐标值

坐标系可以在机床坐标系、工件坐标系和相对坐标系之间切换；显示值可在指令位置、实际位置、剩余进给、跟踪误差、负载电流和补偿值等之间切换。

5) 工件坐标零点

显示工件坐标系零点在机床坐标系下的坐标值。

6) 倍率修调

(1) 主轴修调：显示当前主轴修调倍率。

(2) 进给修调：显示当前进给修调倍率。

(3) 快速修调：显示当前快速修调倍率。

7) 辅助机能

显示自动加工中的 M、S、T 代码。

8) 当前加工程序行

显示当前正在或将要加工的程序段。

9) 当前加工方式、系统运行状态及当前时间

(1) 当前加工方式：根据机床控制面板工作方式选择按键的状态而定，系统加工方式可在"自动"、"单段"、"手动"、"增量"、"回零"和"急停"等之间进行切换。

(2) 系统运行状态：系统运行状态在"运行正常"和"出错"之间进行切换。

(3) 当前时间：显示当前系统时间。

菜单命令条是整个操作界面中最重要的部分，系统功能的操作主要是通过菜单命令条中的功能键 F1～F10 来完成的。由于每个功能还包含不同的操作，因此菜单采用层次结构，即在主菜单下选择一个菜单项后，数控装置会显示该功能下的子菜单，操作者可根据该子菜单的内容选择所需的操作，如图 4-12 所示。

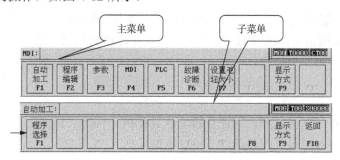

图 4-12 HNC-21T/22T 系统菜单

2. NC 键盘

NC 键盘由 MDI 键盘和 F1～F10 功能键组成，主要用于参数设定、工件程序录入和系统管理操作等。标准化的字母数字式 MDI 键盘的部分按键均具有"上档"键功能，当"Upper"指示灯亮(有效)时，可输入"上档"键内容。

3. 机床控制面板

车床数控装置操作台的最下方为机床控制面板按键，通过控制面板操作即可直接控制机床动作，实现工件的手动加工过程。下面对各按键的功能进行详细说明。

1) 工作方式选择按键

控制面板上的工作方式选择按键包括"自动"键、"单段"键、"手动"键、"增量"键和"回零"键,如图 4-13 所示,与手摇脉冲发生器共同决定机床的工作方式。

(1)"自动"键:自动运行方式。

(2)"单段"键:单程序段执行方式。

(3)"手动"键:手动连续进给方式。

图 4-13　工作方式选择按键

(4)"增量"键:增量/手摇脉冲发生器进给方式,

按下"增量"键时,可视为手摇脉冲发生器的坐标轴选择波段开关位置,当波段开关置于"OFF"挡时,为增量进给方式;当波段开关置于"X"、"Y"和"Z"挡时,为手摇脉冲发生器进给方式。

(5)"回零"键:返回机床参考点方式,系统启动复位后,默认的工作方式为"回零"方式。

应该注意的是,控制面板上的工作方式选择按键是互锁的,即按下其中某个按键,该按键的方式有效,相应按键的指示灯亮,其余四个按键的指示灯灭,其相应方式也会失效。

2)轴手动按键

轴手动按键如图 4-14 所示,"+X"、"+Z"、"-X"和"-Z"键用于在手动连续进给、增量进给和返回机床参考点方式下,选择进给坐标轴和进给方向。

3)速率修调

速率修调主要包括进给修调、快速修调和主轴修调,按键如图 4-15所示。

图 4-14　轴手动按键

(1)进给修调。

在自动或 MDI 运行方式下,当 F 代码编程的进给速度偏高或偏低时,可用进给修调右侧的"100%"、"+"或"-"键,修调程序中编制的进给速度。

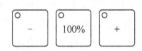

图 4-15　速率修调按键

按压"100%"键(指示灯亮),进给修调倍率被置为 100%;按一下"+"键,进给修调倍率递增 5%;按一下"-"键,进给修调倍率递减 5%。

在手动连续进给方式下,这些按键可调节手动进给速率。

(2)快速修调。

在自动或 MDI 运行方式下,可用快速修调右侧的"100%"、"+"或"-"键,修调快速移动(G00)时系统参数"最高快移速度"设置的速度。

按压"100%"键(指示灯亮),快速修调倍率被置为100%;按一下"+"键,快速修调倍率递增 5%;按一下"-"键,快速修调倍率递减 5%。

在手动连续进给方式下,这些按键可调节手动快移速度。

(3)主轴修调。

在自动或 MDI 运行方式下,当 S 代码编程的主轴速度偏高或偏低时,可用主轴修调右侧的"100%"、"+"或"-"键,修调程序中编制的主轴速度。

按压"100%"键(指示灯亮),主轴修调倍率被置为100%;按一下"+"键,主轴修调倍率递增 5%;按一下"-"键,主轴修调倍率递减 5%。

在手动连续进给方式下,这些按键可调节手动时的主轴速度。

机械齿轮换挡时,主轴速度不能修调。

4）返回参考点

按一下"回零"键（指示灯亮），系统处于手动返回参考点方式，可手动返回参考点，如 X 轴回参考点：根据 X 轴"回参考点方向"参数的设置，按一下"+X"（"回参考点方向"为"+"）或"-X"（"回参考点方向"为"-"）键，X 轴将以"回参考点快移速度"参数设定的速度快进，当 X 轴碰到参考点开关后，将以"回参考点定位速度"参数设定的速度进给；当反馈元件检测到基准脉冲后，X 轴减速停止，返回参考点过程结束，"+X"或"-X"键指示灯亮。

用同样的操作方法，使用"+Z"或"-Z"键可以使 Z 轴返回参考点。同时按压 X 向和 Z 向的轴手动按键，可使 X 轴、Z 轴同时执行返回参考点操作。

应该注意的是，在每次电源接通后，必须先用这种方法完成各轴的返回参考点操作，然后再进入其他运行方式，以确保各轴坐标的正确性；在返回参考点前，应确保回零轴相对于参考点方向为按键所示方向的相反方向；否则应手动移动该轴直到满足此条件。

5）手动进给和手动快速移动

（1）手动进给。

按一下"手动"键（指示灯亮），系统处于手动连续进给方式，可手动移动机床坐标轴，如手动移动 X 轴：按压"+X"或"-X"键（指示灯亮），X 轴将产生正向或负向连续移动；松开"+X"或"-X"键（指示灯灭），X 轴即减速停止。

用同样的操作方法，使用"+Z"或"-Z"键可以使 Z 轴产生正向或负向连续移动。同时按压 X 向和 Z 向的轴手动按键，可同时手动连续移动 X 轴、Z 轴。

（2）手动快速移动。

在手动连续进给时，若同时按压"快进"键，则产生相应轴的正向或负向快速运动，其速率为系统参数"最高快移速度"乘以快速修调选择的快移倍率。

6）增量进给和增量值选择

（1）增量进给。

按一下"增量"键（指示灯亮），系统处于增量进给方式，可增量移动机床坐标轴，如增量移动 X 轴：按一下"+X"或"-X"键（指示灯亮），X 轴将向正向或负向移动一个增量值；再按一下"+X"或"-X"键，X 轴将向正向或负向继续移动一个增量值。

用同样的操作方法，使用"+Z"或"-Z"键可以使 Z 轴向正向或负向移动一个增量值。同时按一下 X 向和 Z 向的轴手动按键，每次能同时增量进给 X 轴、Z 轴。

（2）增量值选择。

增量进给的增量值由"×1"、"×10"、"×100"及"×1000"四个增量倍率按键控制。这几个按键互锁，即当某个按键有效（指示灯亮）时，其余几个按键均会失效（指示灯灭），按键如图 4-16 所示。

图 4-16　增量值选择按键

增量倍率按键和增量值的对应关系如表 4-1 所示。

表 4-1　增量倍率按键和增量值的对应关系

增量倍率按键	×1	×10	×100	×1000
增量值/mm	0.001	0.01	0.1	1

7）自动运行

按一下"自动"键（指示灯亮），系统处于自动运行方式，机床坐标轴的控制由 CNC 自动完成。

（1）自动运行启动——循环启动。

自动运行方式下，在系统主菜单下按"自动加工"键进入自动加工子菜单，再按"程序选择"键选择要运行的程序，然后按一下"循环启动"键（指示灯亮），自动加工开始。

（2）自动运行暂停——进给保持。

在自动运行过程中，按一下"进给保持"键（指示灯亮），程序执行暂停，机床运动轴减速停止。

暂停期间，辅助功能 M、主轴功能 S、刀具功能 T 保持不变。

（3）进给保持后的再启动。

在自动运行暂停状态下，按一下"循环启动"键，系统将重新启动，从暂停前的状态继续运行。

（4）空运行。

在自动运行方式下，按一下"空运行"键（指示灯亮），CNC 处于空运行状态。程序中设定的进给速率被忽略，坐标轴以最高快移速度移动。空运行不做实际切削，通常用于确认切削路径和程序，在实际加工时，应关闭此功能，以免造成危险。

（5）机床锁住。

在自动运行开始前，按一下"机床锁住"键（指示灯亮），再按一下"循环启动"键，系统继续执行程序，显示屏上的坐标轴位置信息变化，但不输出伺服轴的移动指令，所以机床停止不动，这个功能主要用于校验程序。

8）单段运行

按一下"单段"键，系统处于单段自动运行方式（指示灯亮），程序控制将逐段执行：按一下"循环启动"键，运行一程序段，机床运动轴减速停止，刀具、主轴电机停止运行，再按一下"循环启动"键，又执行下一程序段，执行完了以后又再次停止。

在单段运行方式下，适用于自动运行方式的按键依然有效。

9）超程解除

在伺服轴行程的两端各有一个极限开关，可防止伺服机构碰撞而损坏。每当伺服机构触碰到极限开关时，就会出现超程。当某轴出现超程时，"超程解除"指示灯亮，系统视其状况为紧急停止，要退出超程状态时，必须松开"急停"按钮，置工作方式为"手动"方式，持续按压"超程解除"键，控制器将忽略超程情况，同时按动相应的轴手动按键使该轴向相反方向退出超程状态，松开"超程解除"键，若显示器的运行状态栏显示"运行正常"，则表示机床恢复正常，可以继续操作。

图 4-17　手动机床动作控制按键

10）手动机床动作控制

手动机床动作控制按键如图 4-17 所示。

（1）主轴正转。

在手动方式下，按一下"主轴正转"键（指示灯亮），主电机以机床参数设定的转速正转。

（2）主轴反转。

在手动方式下，按一下"主轴反转"键（指示灯亮），主电机以机床参数设定的转速反转。

(3)主轴停止。

在手动方式下，按一下"主轴停止"键(指示灯亮)，主电机停止运转。

(4)主轴点动。

在手动方式下，按压"主轴正点动"或"主轴负点动"键(指示灯亮)，主轴将产生正向或负向连续转动；松开"主轴正点动"或"主轴负点动"键(指示灯灭)，主轴即减速停止。

(5)刀位转换。

在手动方式下，按一下"刀位转换"键，转塔刀架转动一个刀位。

(6)刀位选择。

在手动方式下，按 n 下"刀位选择"键，再按一下"刀位转换"键，转塔刀架即可转动 n 个刀位。

(7)冷却开/停。

在手动方式下，按一下"冷却开/停"键，冷却液开(默认值为冷却液关)，再按一下又为冷却液关，如此循环。

(8)卡盘松/紧。

在手动方式下，按一下"卡盘松/紧"键，松开工件(默认值为夹紧工件)，可以进行更换工件操作；再按一下又为夹紧工件，可以进行加工工件操作，如此循环。

4. "急停"按钮

机床运行过程中，在危险或紧急情况下，按下"急停"按钮，CNC 即进入急停状态，伺服进给及主轴运转立即停止工作，控制柜内的进给驱动电源被切断，松开"急停"按钮(顺时针旋转此按钮，按钮将自动跳起)，CNC 进入复位状态。

解除紧急停止前，先检查故障原因是否排除，且紧急停止解除后应重新执行回参考点操作，以确保坐标位置的正确性。

值得注意的是，操作时在启动和退出系统之前应按下"急停"按钮，以保障人身、财产安全。

5. MPG 手持单元

MPG 手持单元由手摇脉冲发生器和坐标轴选择波段开关组成，主要用于手摇方式下增量进给坐标轴，如图 4-18 所示。

1)手摇进给

当 MPG 手持单元的坐标轴选择波段开关置于"X"或"Z"挡位置时，按一下"增量"键(指示灯亮)，系统处于手摇进给方式，可手摇进给车床坐标轴，如手摇进给 X 轴：将 MPG 手持单元的坐标轴选择波段开关置于"X"挡位置时，手动旋转手摇脉冲发生器，转动一格，X 轴将向相应方向移动一个增量值。用同样的方法进行操作，可以使 Z 轴向正向或负向移动一个增量值。

2)增量值选择

手摇进给的增量值是手摇脉冲发生器转动一格的移动量，由 MPG 手持单元的增量倍率波段开关所决定。增量倍率波段开关有"×1"、"×10"和"×100"三挡，其与增量值的对应关系如表 4-2 所示。

图 4-18 MPG 手持单元

表 4-2　增量倍率波段开关位置和增量值的对应关系

位置	×1	×10	×100
增量值/mm	0.001	0.01	0.1

4.6.4　数控车床编程

一个零件程序就是一组被传送到数控装置中的指令和数据。

一个零件程序是由遵循一定句法结构和格式规则的若干个程序段组成的，而每个程序段则是由若干个指令字组成的，如图 4-19 所示。

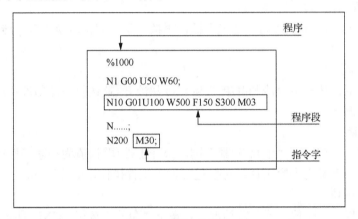

图 4-19　程序的结构

1. 指令字的格式

一个指令字是由指令字符和带符号或不带符号的数字数据组成的。

程序段中不同的指令字符与其后续数值确定了每个指令字的含义。在程序段中常用的指令字符如附表 2 所示。

2. 程序段的格式

一个程序段定义一个将由数控装置执行的指令行。

程序段的格式定义了每个程序段中功能字的句法，如图 4-20 所示。

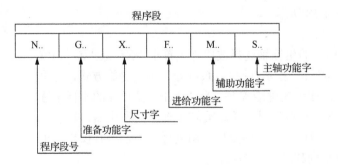

图 4-20　程序段格式

3. 程序的一般结构

一个零件程序必须包括起始符和结束符。

一个零件程序是按照程序段的输入顺序执行的，而不是按照程序段号的顺序执行的，但书写程序时，为了便于区分和查找程序段，通常升序书写程序段号。

4. 程序文件名

CNC 装置可以装入许多程序文件，以磁盘文件的方式读写。文件名格式为

O××××（地址 O 后面必须有四位数字或字母）

本系统可通过调用文件名来调用程序，以进行编辑或加工。

5. 主轴功能、进给功能和刀具功能

1）主轴功能 S

【格式】

S_（数字）;　　　如　M03 S150;

【说明】

主轴功能 S 控制车床主轴转速，其后的数值表示主轴转速值，单位为转/分钟（r/min）。S 是模态指令，S 功能只有在主轴转速可调节时有效，S 所编程的主轴转速可以借助机床控制面板上的主轴倍率开关进行修调。

数控车削刀具做插补运动来切削工件时，若已知要求的圆周速度为 v，车床主轴的转速（r/min）为

$$n = 1000v / (\pi d)$$

式中，d 为工件的外径（mm）。

例如，工件的外径为 50mm，要求的切削速度为 100m/min，经计算可得 n=637，因此主轴转速为 637r/min，表示为 S637。

为保证车削后工件的表面粗糙度一致，数控车床一般提供可以设置恒线速度的指令，恒线速度功能下，S 指定切削速度，车削过程中数控系统根据车削时工件不同位置处的直径计算主轴的转速，其后的数值单位为 m/min。

使用恒线速度指令后，由于主轴的转速在工件不同截面上是变化的，为防止主轴转速过高而发生危险，在设置恒线速度前，可以将主轴最高转速设置在某一个最高值，切削过程中当执行恒线速度指令时，主轴最高转速将被限制在这个最高值。

2）进给功能 F

【格式】

F_;　　　如 G01 X50.0 Z100.0 F100;

【说明】

F 指令表示工件被加工时刀具相对于工件的进给速度，其单位取决于 G94（每分钟进给量 mm/min）或 G95（主轴每转一周刀具的进给量 mm/r）。

使用下式可以实现每转进给量与每分钟进给量的转化：

$$f_m = f_r \times S$$

式中，f_m 为每分钟进给量（mm/min）；f_r 为每转进给量（mm/r）；S 为主轴转速（r/min）。

在 G01、G02 或 G03 方式下，程序中设定的 F 值一直有效，直到被新的 F 值所取代，而在 G00 方式下，快速定位的速度是各轴的最高速度，与所设定的 F 值无关。使用控制面板的倍率按键，可在一定范围内对 F 值进行倍率修调。

3）刀具功能 T

【格式】

　　T＿ ＿ （数字）；　　　如 T0100

【说明】

　　T 功能主要用于选刀，其后的 4 位数字分别表示选择的刀具号和刀具补偿号。T 后面的数字与刀架上刀号的关系已在出厂前完成设定。

　　执行 T 指令，转动转塔刀架，选用指定的刀具。

　　当一个程序段中同时含有刀具移动指令和 T 代码指令时，先执行 T 代码指令，然后执行刀具移动指令。

6. 辅助功能 M 代码

　　辅助功能 M 代码是由符号 M 和其后一或两位数值组成的，主要用于控制零件程序的走向和机床各类辅助功能的开关动作。

　　M 功能分为非模态 M 功能和模态 M 功能两种形式。非模态 M 功能仅在当前程序段中有效；模态 M 功能是指一组可互相注销的 M 功能，这些功能不仅在当前程序段中有效，在后续的程序段中依然有效，直到被同组的另一个功能注销。模态 M 功能组中还含有一个缺省功能，上电时系统将默认该功能有效。

　　常用 M 代码及其功能如附表 3 所示。

1）程序暂停

【格式】

　　M00

【说明】

　　M00 为非模态 M 功能。当系统执行 M00 指令时，将暂停执行当前程序，以便于操作者对刀具和工件进行尺寸测量、工件调头和手动变速等操作。暂停时，机床的进给停止，如果继续执行后续程序，只需按一下操作面板上的"循环启动"键即可。

2）程序结束

【格式】

　　M02

【说明】

　　M02 为非模态 M 功能，一般置于主程序的最后一个程序段中，当系统执行 M02 指令时，机床的主轴转动、进给和冷却液将全部停止，加工过程结束。若要再次执行此程序，需要重新调用该程序，然后再按操作面板上的"循环启动"键。

3）程序结束并返回到零件程序头

【格式】

　　M30

【说明】

　　M30 和 M02 的功能基本相同，只是 M30 指令还兼有控制返回到零件程序头（%）的作用。使用 M30 的程序结束后，若要重新执行该程序，只需再次按操作面板上的"循环启动"键。

4）子程序调用和从子程序返回

【格式】

　　（1）子程序格式：

```
%****
……
M99;
```

(2) 调用子程序格式：

```
M98  P_ L_;
```

P 是被调用的子程序号；L 是重复调用次数。

【说明】

M98 用来调用子程序。

M99 用于子程序结束，使控制返回到主程序。

应该注意的是，在子程序前必须规定子程序号，作为调用入口地址。在子程序结尾执行 M99 指令，该子程序执行完毕后自动返回主程序。

例 4.1： 如图 4-21 所示，通过子程序调用和从子程序返回指令进行编程。

```
%3111                        主程序名
N1 G92 X32 Z1;               设立坐标系，定义对刀点的位置
N2 G00 Z0 M03 S500;          移到子程序起点处、主轴正转
N3 M98 P0003 L5;             调用子程序，并循环 5 次
N4 G36 G00 X32 Z1;           返回对刀点
N5 M05;                      主轴停止
N6 M30;                      主程序结束并复位
%0003                        子程序名
N1 G37 G01 U-12 F100;        用半径编程，进刀至切削起点处
N2 G03 U2.385 W-5.923 R8;    加工 R8 圆弧段
N3 U3.215 W-36.877 R60;      加工 R60 圆弧段
N4 G02 U1.4 W-29.636 R40;    加工 R40 圆弧段
N5 G00 U4;                   离开己加工表面
N6 W73.436;                  回到循环起点 Z 轴处
N7 G01 U-5 F100;             调整每次循环的切削量
N8 M99;                      子程序结束，并回到主程序
```

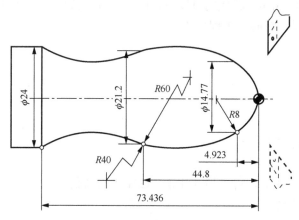

图 4-21　M98/M99 编程

5）主轴控制指令

【格式】

M03　M04　M05

【说明】

执行 M03 指令，启动主轴以程序中编制的主轴速度顺时针方向（从 Z 轴正向朝 Z 轴负向看）旋转。

执行 M04 指令，启动主轴以程序中编制的主轴速度逆时针方向旋转。

执行 M05 指令，主轴停止旋转。

M03、M04 和 M05 均为模态 M 功能，其中 M05 为缺省功能，且三者可相互注销。

6）冷却液开/关指令

【格式】

M07　M08　M09

【说明】

执行 M07 和 M08 指令可将冷却液管道打开。

执行 M09 指令可将冷却液管道关闭。

M07、M08 和 M09 均为模态 M 功能，其中 M09 为缺省功能，且 M07 与 M08 和 M09 可相互注销。

7. 准备功能 G 代码

准备功能 G 代码是由符号 G 和其后一或两位数值组成的，主要用来规定刀具或工件的机床坐标系、相对运动轨迹、坐标平面、坐标偏置和刀具补偿等多种加工操作。

根据功能的不同，可以将 G 功能分成若干组，如附表 4 所示，其中，00 组的 G 功能称为非模态 G 功能，该功能下，只在所规定的当前程序段中有效，程序段结束时功能将失效；其余组的 G 功能称为模态 G 功能，是同组可相互注销的 G 功能，这些功能一旦被执行，将一直有效，直到被同组的其他 G 功能注销。模态 G 功能组中还包含一个缺省的 G 功能，上电时，系统将默认该功能。

没有共同地址符的不同组 G 代码可以放在同一个程序段中，而且没有顺序要求。例如，G90、G36 和 G01 可以放在同一个程序段中。

1）尺寸单位的选择

【格式】

G20　G21

【说明】

G20 代码表示英制输入制式。

G21 代码表示公制输入制式。

G20 和 G21 为模态功能，可以相互注销，G21 为缺省值。

2）进给速度单位的设定

【格式】

G94　F_;
G95　F_;

【说明】

G94 代码表示每分钟进给，对于线性轴，F 的单位由 G20/G21 进行设定，mm/min 或 in[①]/min；对于旋转轴，F 的单位是 °/min。

G95 代码表示每转进给，即主轴旋转一周刀具的进给量。F 的单位由 G20/G21 进行设定，mm/r 或 in/r。

G94 和 G95 均为模态功能，可以相互注销，G94 为缺省值。

3) 绝对值编程与增量值编程

【格式】

```
G90    G91
```

【说明】

G90：绝对值编程，每个编程坐标轴上的编程值是相对于程序原点而言的。

G91：增量值编程，每个编程坐标轴上的编程值是相对于前一位置而言的，该值等于沿轴移动的距离。

绝对值编程时，用 G90 指令后面的 X、Z 表示 X 轴、Z 轴的坐标值。

增量值编程时，用 U、W 或 G91 指令后面的 X、Z 表示 X 轴、Z 轴的增量值。

G90、G91 为模态功能，可相互注销，G90 为缺省值。

选择合适的编程方式可使编程简化。当图纸尺寸由一个固定基准给定时，采用绝对值编程较为方便；而当图纸尺寸以轮廓顶点之间的间距给出时，采用增量值编程较为方便。

例 4.2：如图 4-22 所示，用绝对值编程和增量值编程方式进行编程，要求刀具由原点按顺序移动到 1、2、3、4 点后，再回到 1 点。

绝对值编程：

```
%0001
N1 T0101;
N2 M03 S460;
N3 G00 X50 Z2;
N4 G01 X15 (Z2);
N5 (X15) Z-30;
N6 X25 Z-40;
N7 X50 Z2;
N8 M30;
```

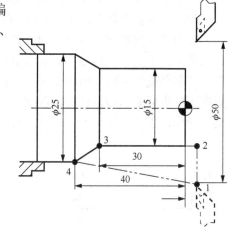

图 4-22 G90/G91 编程

增量值编程：

```
%0001
N1 T0101;
N2 G91 M03 S460;
N3 G01 X-35 (Z0);
N4 (X0) Z-32;
N5 X10 Z-10;
```

---

① 1 in = 2.54cm。

```
N6 X25 Z42;
N7 M30;
```

混合编程：

```
%0001
N1 T0101;
N2 M03 S460;
N3 G00 X50 Z2;
N4 G01 X15 (Z2);
N5 Z-30;
N6 U10 Z-40;
N7 X50 W42;
N8 M30;
```

4) 坐标系的设定

【格式】

```
G92  X_ Z_;
```

【说明】

G92 代码后的 X 和 Z 为对刀点到工件坐标系原点的有向距离。

当执行 G92 Xα Zβ 指令后，系统内部对 (α, β) 进行记忆，并建立一个刀具当前位置坐标值为 (α, β) 的坐标系，系统控制刀具在此坐标系中按程序进行加工。执行 G92 指令时仅建立了一个坐标系，刀具并不产生运动。

G92 为非模态指令，执行该指令时，若刀具当前位置恰好是工件坐标系的 α 和 β 坐标值，即刀具当前位置在对刀点上，建立的坐标系为工件坐标系，加工原点与程序原点重合。若刀具当前位置不是工件坐标系的 α 和 β 坐标值，则加工原点和程序原点不重合，加工过程会出现误差甚至发生危险，因此要保证工件加工精准，在执行 G92 指令时，就要确保刀具当前位置在工件坐标系(对刀点)的 α 和 β 坐标值上，故编程时加工原点和程序原点设定为同一点，实际操作过程中，操作者要通过对刀来使两点重合。

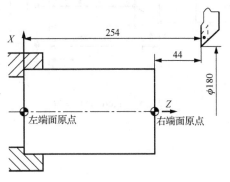

图 4-23 G92 设定坐标系

例 4.3：如图 4-23 所示，进行坐标系的设定。

当以工件左端面为工件原点时，应建立的工件坐标系为

```
G92 X180 Z254;
```

当以工件右端面为工件原点时，应建立的工件坐标系为

```
G92 X180 Z44;
```

由此可见，确定 X 和 Z 的值就是确定对刀点在工件坐标系下的坐标值。

5) 工件坐标系的选择

【格式】

```
G54   G55   G56   G57   G58   G59
```

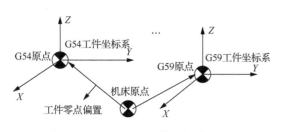

图 4-24　G54～G59 工件坐标系的选择

【说明】

　　G54～G59 是系统设定的 6 个工件坐标系，根据需要，可任意选择，通常使用 G54 工件坐标系，如图 4-24 所示。加工时，G54～G59 坐标系的原点需设定为工件坐标系的原点在机床坐标系中的坐标值，否则加工时会出现误差甚至发生危险。工件坐标系原点相对于机床坐标系的值(工件零点偏置值)可以使用 MDI 方式输入，系统自动记忆。工件坐标系一旦选定，后续程序段中绝对值编程的指令值均是相对此工件坐标系原点的值。

　　G54～G59 均为模态功能，可以相互注销，其中 G54 为缺省值。

6) 直径编程和半径编程

【格式】

```
G36    G37
```

【说明】

G36 为直径编程。

G37 为半径编程。

　　数控车床的工件外形通常是旋转体，其 X 轴尺寸可以用两种方式加以指定：直径方式和半径方式。G36 是缺省值，通常机床默认为直径编程。

　　应该注意的是，使用直径、半径编程时，系统参数设置要求与之对应。

　　例 4.4：如图 4-25 所示，分别使用直径编程、半径编程和混合编程方式进行编程。

直径编程：

```
%3304
N1 G92 X180 Z254;
N2 M03 S460;
N3 G01 X20 W-44;
N4 U30 Z50;
N5 G00 X180 Z254;
N6 M30;
```

半径编程：

```
%3304
N1 G37 M03 S460;
N2 G54 G00 X90 Z254;
N3 G01 X10 W-44;
N4 U15 Z50;
N5 G00 X90 Z254;
N6 M30;
```

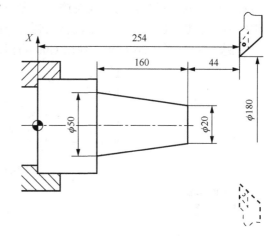

图 4-25　G36/G37 编程

混合编程：

```
%3304
```

```
N1 T0101;
N2 M03 S460;
N3 G37 G00 X90 Z254;
N4 G01 X10 W-44;
N5 G36 U30 Z50;
N6 G00 X180 Z254;
N7 M30;
```

7)快速定位

【格式】

　　G00 X(U)_ Z(W)_;

【说明】

X、Z：绝对值编程时，快速定位终点在工件坐标系中的坐标。

U、W：增量值编程时，快速定位终点相对于起点的位移量。

G00 指令表示刀具相对于工件以各轴预先设定的速度，从当前位置快速移动到程序段指令的定位目标点。

G00 指令中的快移进给速度由机床参数"快移进给速度"对各轴分别设定，不能用 F_规定。

G00 一般用于加工前的快速定位或加工后的快速退刀。快移进给速度可由操作面板上的"快速修调"键修正。

G00 为模态功能，与 G01、G02 和 G03 功能可以相互注销。

应该注意的是，在执行 G00 指令时，由于各轴以各自速度移动，不能保证各轴同时到达终点，因而联动直线轴的合成轨迹不一定是直线。操作者必须格外小心，以免刀具与工件发生碰撞。常见的做法是，将 X 轴移动到安全位置，再放心地执行 G00 指令。

例 4.5： 如图 4-26 所示，使用 G00 编程，要求刀具从 A 点快速定位到 B 点。

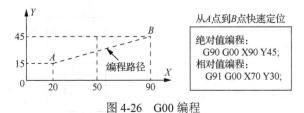

图 4-26　G00 编程

8)直线插补

【格式】

　　G01 X(U)_ Z(W)_ F_

【说明】

X、Z：绝对值编程时终点在工件坐标系中的坐标。

U、W：增量值编程时终点相对于起点的位移量。

F_：合成进给速度。

G01 指令表示刀具以联动的方式，按 F 规定的合成进给速度，从当前位置按线性路线(联动直线轴的合成轨迹为直线)移动到程序段指令的终点。

G01 为模态功能，与 G00、G02 和 G03 功能可以相互注销。

例 4.6：如图 4-27 所示，用 G01 指令进行编程。

```
%3308
N1 T0101;
N2 M03 S450;
N3 G92 X100 Z40;
N4 G00 X31 Z3;
N5 G01 Z-50 F100;
N6 G00 X36;
N7 Z3;
N8 X25;
N9 G01 Z-20 F100;
N10 G00 X36;
N11 Z3;
N12 X15;
N13 G01 U14 W-7 F100;
N14 G00 X36;
N15 X100 Z40;
N16 T0202;
N17 G92 X100 Z40;
N18 G00 X14 Z3;
N19 G01 X24 Z-2 F80;
N20 Z-20;
N21 X28;
N22 X30 Z-50;
N23 G00 X36;
N24 X80 Z10;
N25 M05;
N26 M30;
```

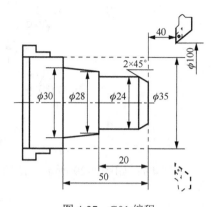

图 4-27 G01 编程

9）圆弧插补

【格式】

```
G02 X(U)_ Z(W)_ R_ F_;
G03 X(U)_ Z(W)_ R_ F_;
```

【说明】

G02 指令表示刀具进行顺时针圆弧插补，按顺时针进行圆弧加工。

G03 指令表示刀具进行逆时针圆弧插补，按逆时针进行圆弧加工。

X、Z：绝对值编程时，圆弧终点在工件坐标系中的坐标。

U、W：增量值编程时，圆弧终点相对于圆弧起点的位移量。

R_：圆弧半径，当圆弧圆心角小于 180° 时，R 为正值，否则 R 为负值。

F_：被编程的两个轴的合成进给速度。

应注意的是，顺时针或逆时针是从垂直于圆弧所在平面的坐标轴的正方向看到的回转方向，如图 4-28 所示。

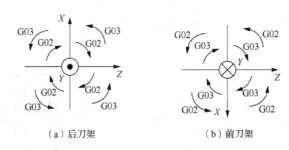

（a）后刀架　　　　　　　　　　（b）前刀架

图 4-28　G02 和 G03 插补方向

例 4.7：如图 4-29 所示，使用圆弧插补指令进行编程。

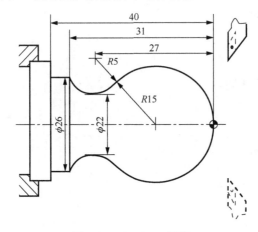

. 图 4-29　G02/G03 编程

%3309	程序名
N1 T0101;	设立坐标系，选择 1 号刀具
N2 G00 X40 Z5;	刀具移至起始点位置
N3 M03 S400;	主轴以 400r/min 旋转
N4 G00 X0;	到达工件中心位置
N5 G01 Z0 F60;	刀具接触工件毛坯
N6 G03 U24 W-24 R15;	加工 R15 圆弧段
N7 G02 X26 Z-31 R5;	加工 R5 圆弧段
N8 G01 Z-40;	加工 ϕ26 外圆
N9 X40 Z5;	回对刀点
N10 M30;	主轴停止、主程序结束并复位

10）倒角加工一

【格式】

G01 X(U)_ Z(W)_ C_;

【说明】

该指令用于直线后倒直角，如图 4-30 所示，使刀具从 A 点到 B 点，再到 C 点位置。

X、Z：绝对值编程时，未倒角前两相邻程序段轨迹的交点 G 的坐标值。

U、W：增量值编程时，G 点相对于起始直线轨迹的起始点 A 的移动距离。

C：倒角终点 C 相对于相邻两直线的交点 G 的距离。

11)倒角加工二

【格式】

```
G01 X(U)_ Z(W)_ R_;
```

【说明】

该指令用于直线后倒圆角，如图 4-31 所示，使刀具从 A 点到 B 点，再到 C 点位置。

X、Z：绝对值编程时，未倒角前两相邻程序段轨迹的交点 G 的坐标值。

U、W：增量值编程时，G 点相对于起始直线轨迹的起始点 A 的移动距离。

R：倒角圆弧的半径值。

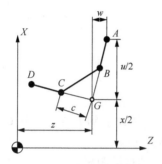

图 4-30 倒角参数说明(1)

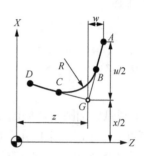

图 4-31 倒角参数说明(2)

例 4.8：如图 4-32 所示，用倒角指令编写程序。

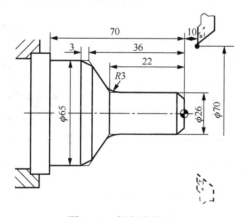

图 4-32 倒角编程(1)

%3314	程序名
N1 M03 S460;	主轴以 460r/min 旋转
N2 G00 U-70 W-10;	从编程规划起点移至工件前端面中心处
N3 G01 U26 C3 F100;	倒 3×45°直角
N4 W-22 R3;	加工 R3 圆角
N5 U39 W-14 C3;	加工边长为 3 的等腰直角
N6 W-34;	加工 ϕ65 外圆
N7 G00 U5 W80;	回到编程规划起点
N8 M30;	主轴停止、主程序结束并复位

12)倒角加工三

【格式】

```
G02 X(U)_ Z(W)_ R_ RL_;
G03 X(U)_ Z(W)_ R_ RL_;
```

【说明】

该指令用于圆弧后倒直角，如图 4-33 所示，使刀具从 A 点到 B 点，再到 C 点位置。

X、Z：绝对值编程时，未倒角前圆弧终点 G 的坐标值。

U、W：增量值编程时，G 点相对于圆弧起始点 A 的移动距离。

R：圆弧的半径值。

RL：倒角终点 C 相对于未倒角前圆弧终点 G 的距离。

13) 倒角加工四

【格式】

```
G02 X(U)_ Z(W)_ R_ RC_;
G03 X(U)_ Z(W)_ R_ RC_;
```

【说明】

该指令用于圆弧后倒圆角，如图 4-34 所示，使刀具从 A 点到 B 点，再到 C 点位置。

X、Z：绝对值编程时，未倒角前圆弧终点 G 的坐标值。

U、W：增量值编程时，G 点相对于圆弧起始点 A 的移动距离。

R：圆弧的半径值。

RC：倒角圆弧的半径值。

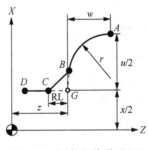
图 4-33　倒角参数说明(2)

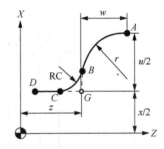
图 4-34　倒角参数说明(3)

例 4.9： 如图 4-35 所示，用倒角指令编写程序。

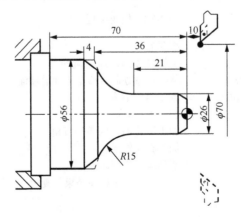

图 4-35　倒角编程(4)

```
%3315                           程序名
N1 T0101;                       设立坐标系，选择 1 号刀具
N2 G00 X70 Z10 M03 S460;        移至起始点位置，主轴以 460r/min 旋转
N3 G00 X0 Z4;                   移至工件中心
N4 G01 W-4 F100;                工进接触工件
N5 X26 C3;                      倒 3×45°直角
N6 Z-21;                        加工 φ26 外圆
N7 G02 U30 W-15 R15 RL=4;       加工 R15 圆弧，并倒边长为 4 的直角
N8 G01 Z-70;                    加工 φ56 外圆
N9 G00 U10;                     退刀，离开工件
N10 X70 Z10;                    返回程序起点位置
N11 M30;                        主轴停止、主程序结束并复位
```

14）自动返回参考点

【格式】

　　G28 X(U)_ Z(W)_;

【说明】

X、Z：绝对值编程中，中间点在工件坐标系中的坐标值。

U、W：增量值编程中，中间点相对于起始点的移动距离。

G28 指令表示自动返回参考点，该指令先使所有点的编程轴都快速定位到中间点，然后再从中间点返回到参考点。通常，G28 指令多用于消除机械误差或刀具自动更换，在执行该指令之前应取消刀尖半径补偿。在含有该指令的程序段中，不仅产生坐标轴移动指令，还记忆了中间点的坐标值，以供 G29 指令（自动从参考点返回）使用。

G28 指令为非模态指令，只在被其规定的程序段中有效。

15）自动从参考点返回

【格式】

　　G29 X(U)_ Z(W)_;

【说明】

X、Z：绝对值编程中，定位终点在工件坐标系中的坐标值。

U、W：增量值编程中，定位终点相对于 G28 中间点的位移量。

G29 指令表示自动从参考点返回，使所有编程轴以快速进给经过由 G28 指令所规定的中间点位置，然后再到达指定点。在编程中，通常该指令在 G28 指令之后。

G29 指令为非模态指令，只在被其规定的程序段中有效。

例 4.10：如图 4-36 所示，用 G28 和 G29 对图中路径进行编程，要求从 A 点经过中间点 B 点返回参考点，然后，从参考点经过中间点 B 点后返回至目标点 C。

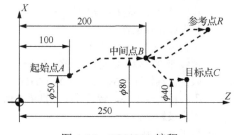

图 4-36　G28/G29 编程

```
%3317                    程序名
N1 T0101;                设立坐标系, 选择 1 号刀具
N2 G00 X50 Z100;         移至起始点 A 的位置
N3 G28 X80 Z200;         从 A 点到达 B 点再快速移动至参考点 R
N4 G29 X40 Z250;         从参考点 R 经中间点 B 到达目标点 C 位置
N5 G00 X50 Z100;         回对刀点
N6 M30;                  主轴停止、主程序结束并复位
```

16) 暂停

【格式】

```
G04  P_;
```

【说明】

P: 暂停时间, 其单位为秒 (s)。

G04 指令表示在前一程序段的进给速度降至零之后才开始暂停动作。

在执行含有 G04 指令的程序段时, 先执行暂停功能。

G04 指令为非模态指令, 只在被其规定的程序段中有效。

通常, G04 指令可使刀具在某位置作短暂停留, 以获得圆整而光滑的表面。

17) 恒线速度

【格式】

```
G96  S_;
G97  S_;
G46  X_ P_;
```

【说明】

G96 指令代表恒线速度有效, 其后的 S 值为切削的恒线速度值, 单位为 m/min。

G97 指令代表取消恒线速度有效, 其后的 S 值为取消恒线速度后, 指定的主轴转速, 单位为 r/min; 如果缺省, 系统将默认该值为 G96 指令执行之前的主轴转速。

X: 恒线速度时限定的主轴最低转速值。

P: 恒线速度时限定的主轴最高转速值。

G46 指令只有在恒线速度功能有效时才有效。

例 4.11: 如图 4-37 所示, 利用恒线速度指令编程。

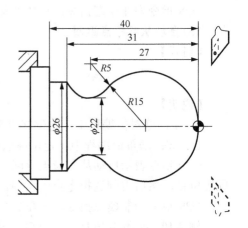

图 4-37 恒线速度编程

```
%3318                    程序名
N1 T0101;                设立坐标系, 选择 1 号刀具
N2 G00 X40 Z5;           移至起始点位置
N3 M03 S460;             主轴以 460r/min 旋转
N4 G96 S80;              恒线速度有效, 线速度为 80m/min
N5 G46 S400 P900;        限定主轴转速范围 400～900r/min
N6 G00 X0;               刀具移动至中心, 转速升高, 直至主轴达到最大限速 900r/min
N7 G01 Z0 F60;           工进接触工件
N8 G03 U24 W-24 R15;     加工 R15 圆弧段
```

N9 G02 X26 Z-31 R5;	加工 R5 圆弧段
N10 G01 Z-40;	加工 ∅26 外圆
N11 X40 Z5;	回对刀点
N12 G97 S300;	取消恒线速度功能，设定主轴以 300r/min 旋转
N13 M30;	主轴停止、主程序结束并复位

4.6.5 数控车床程序录入

1. MDI 运行

在图 4-11 所示的操作界面下，按 "MDI" 键进入 MDI 功能子菜单。命令行与菜单条的显示如图 4-38 所示。

图 4-38 MDI 功能子菜单

在 MDI 功能子菜单下按 "MDI 运行" 键，进入 MDI 运行方式，命令行的底色变成了白色，并且有光标在闪烁，如图 4-39 所示，这时可以从 NC 键盘输入并执行一个 G 代码指令段，即 "MDI 运行"。

应该注意的是，在自动运行过程中，不能进入 MDI 运行方式，可在进给保持后进入。

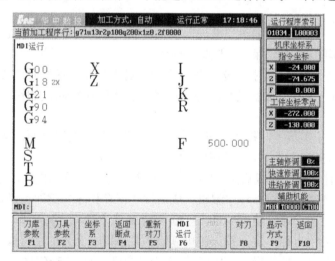

图 4-39 MDI 运行界面

1) 输入 MDI 指令段

MDI 输入的最小单位是一个有效指令字。因此，输入一个 MDI 指令段有两种方法，即一次输入和多次输入。

(1) 一次输入，即一次输入多个指令字的信息，如输入 "G00 X100 Z1000" MDI 指令段，可以直接输入 "G00 X100 Z1000" 后按 "Enter" 键，图中显示窗口内关键字 G、X、Z 的值将分别变为 00、100、1000。

(2) 多次输入，即每次输入一个指令字信息，如输入 "G00 X100 Z1000" MDI 指令段，可以先输入 "G00" 后按 "Enter" 键，图中显示窗口内将显示大字符 "G00"，再输入 "X100"

并按"Enter"键,然后输入"Z1000"并按"Enter"键,显示窗口内将依次显示大字符"X100"和"Z1000"。

在输入命令时,可以在命令行看见输入的内容,在按"Enter"键之前,若发现输入错误,可用"BS"、"▶"和"◀"键进行编辑;按"Enter"键后,若系统发现输入错误,将提示相应的错误信息。

2)运行 MDI 指令段

在输入完一个 MDI 指令段后,按动操作面板上的"循环启动"键,系统即开始运行所输入的 MDI 指令。

如果输入的 MDI 指令信息不完整或存在语法错误,系统会提示相应的错误信息,此时不能运行 MDI 指令。

3)修改某一字段值

在运行 MDI 指令段之前,如果要修改输入的某一指令字,可直接在命令行上输入相应的指令字符及数值,例如,在输入"X150"并按"Enter"键后,欲将 X 值修改为"200",直接在命令行内输入"X200"并按"Enter"键即可。

4)清除当前输入的所有尺寸字数据

在输入 MDI 数据后,按"MDI 清除"键可清除当前输入的所有尺寸字数据(其他指令字依然有效),显示窗口内 X、Z、I、K、R 等字符后面的数据将全部消失,此时,可重新输入新的数据。

2. 程序编辑

在操作界面下,按"程序编辑"键进入程序功能子菜单。在程序功能子菜单中,可以对工件的程序进行编辑、修改、保存、校验等操作。

(1)在程序功能子菜单下,按"选择程序"键,进入程序选择界面,通过 MDI 键盘上的"▲"键和"▼"键可对存入磁盘的程序进行选择,选择合适的加工程序后按"Enter"键进入工件加工界面。

(2)在程序功能子菜单下,按"编辑程序"键,进入程序编辑界面,按"新建程序"键,通过 MDI 键盘输入新建文件名,工件程序文件名通常由字母"O"开头,后面跟四个数字组成,如 O1234;文件名输入完成后按"Enter"键进入工件程序编辑界面,通过 MDI 键盘可在该界面上对工件程序进行编辑,程序编辑完成后按"保存程序"键即可进行后续操作。

在程序编辑过程中,通常使用 MDI 键盘上的"▲"、"▼"、"▶"和"◀"键控制光标位置;"Upper"键作为"上档"键,按该键可以输入某按键右上方的字母或符号;按"Enter"键可以在编写程序时进行换行操作;"SP"键作为"空格"键,按该键可以在程序中输入一个空格;按"BS"键可以删除光标前的一个字符,光标向前移动一个位置,其余的字符左移一个字符的位置;按"Del"键,可以删除光标后的一个字符,光标位置不变,其余的字符左移一个字符的位置;按"PgUp"键可以使编辑程序向程序头滚动一屏,光标位置不变,如果到达程序头,光标则移到文件首行的第一个字符处;按"PgDn"键可以使编辑程序向程序尾滚动一屏,光标位置不变,如果到达程序尾,光标则移到文件末行的第一个字符处。

4.6.6　数控车床对刀

在机床自动加工之前,要确定工件坐标系原点(即程序原点)位置。

(1)对 Z 方向,在手动方式下,操作机床控制面板将车刀移动到合适位置,并将材料沿-X

方向试切一段长度,如图 4-40 所示。调出数控系统里的刀偏表,如图 4-41 所示,输入数值 0.000,即工件坐标系的 Z 方向原点在工件的右端面上(应注意输入数值前车刀不要在 Z 轴方向上移动)。

图 4-40 对刀(Z 方向)

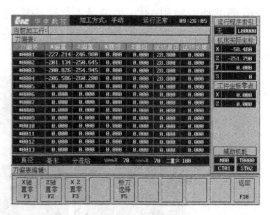

图 4-41 刀偏表

(2)对 X 方向,在手动方式下,操作机床控制面板将车刀向 X 方向移动至合适位置后,再向-Z 方向移动,将材料的外圆切去一定长度,使用游标卡尺测量外圆直径,如图 4-42 所示,并将所得数值输入刀偏表中(注意试切外圆后,输入数值前车刀不要向 X 方向移动)。

图 4-42 对刀(X 方向)

对刀过程完成后,工件右端面中心即为工件坐标系的原点,也为编程的起点。

4.6.7 数控车床加工实例

(1)选取尺寸合适的圆柱形金属毛坯工件,将扳手插入三爪自定心卡盘方孔,逆时针转动扳手松开卡爪,安放毛坯工件后顺时针转动扳手紧固卡爪,固定毛坯工件。

(2)使用扳手逆时针转动刀架螺丝,安放所需刀具,使螺丝卡住刀体后,顺时针转动刀架螺丝,固定刀具。

(3)按机床控制面板上的"手动"键,指示灯亮,观察所需刀具在刀架上的对应位置,按"刀位选择"键相应次数后按"刀位转换"键旋转刀架,所需刀具即可转到指定位置。

(4)按"回零"键,指示灯亮,系统处于手动回参考点方式,可手动返回参考点,按"+X"键和"+Z"键,X 轴和 Z 轴将向参考点方向移动直至停止,回参考点结束后,"+X"和"+Z"

键指示灯亮。

(5)按"手动"键,系统处于手动方式下,通过轴手动按键确定工件坐标系原点(具体过程见 4.6.6 节)。

(6)通过功能键和 MDI 按键录入加工程序(具体过程见 4.6.5 节)。

(7)按"自动"键,系统处于自动方式下,按"循环启动"键(指示灯亮),自动加工开始,如图 4-43 所示。

图 4-43　车床自动加工

(8)待加工过程完成后,将扳手插入三爪自定心卡盘方孔内,逆时针转动扳手松开卡爪,取下工件,按下"急停"按钮,关闭机床开关,清理加工废屑。

4.6.8　实训任务

使用圆柱形金属毛坯,加工"葫芦"形状的回转工件,尺寸不限。

4.7　注 意 事 项

(1)了解数控机床的性能,操作前认真阅读讲义,避免错误操作可能带来的人身伤害。

(2)保持工作台面的清洁,避免工作台面上的杂物引起事故。

(3)实验人员和参观者观察机床运行时,关闭防护门,注意与刀具和工件保持一定距离。

(4)女生需戴帽观察,严禁穿拖鞋和松散衣物。

(5)严格按教师的要求进行操作,养成按规程操作的好习惯。

(6)设备工作时,操作人员不得离开实训实验室。切断电源,机器完全停止运动后,操作人员方能离开实验室。

4.8　思 考 题

(1)请简述数控车床的安全操作规程。

(2)机床的开启、运行、停止有哪些注意事项?

(3)急停机床主要有哪些方法?

(4)手动操作机床的主要内容有哪些?

(5)数控程序编制应该注意哪些事项?

第5章 数控加工中心

5.1 概　述

随着科学技术的进步和市场经济的发展，对机械产品的质量、生产率和新产品开发周期提出了越来越高的要求。虽然，机械制造业中已经采用了自动机床和专用自动生产线，以提高产品质量和生产率，降低生产成本，但"刚性"自动化设备的修改工艺过程复杂，加工单件和小批量复杂零件的成本较高、生产周期较长且难以达到较高的加工精度。为解决上述问题，满足多品种、小批量、高精度生产的自动化要求，研制生产了灵活、通用、能适应产品加工参数频繁变化的数控机床。

数字控制简称数控，是用数字信息实现自动控制机床运转的一种方法。它把机床的加工程序和运动变量（如坐标方向、位移量、轴的转向和转速等）以数字形式预先记录在控制介质（如拨码开关、磁带等）上，通过数控装置自动地控制机床运动，同时具有自动换刀、自动测量、自动润滑和冷却等功能。数控机床发展至今，完全依赖于数控系统的发展。

其中，数控铣床是主要的数控机床之一，是在一般铣床的基础上发展起来的一种自动加工设备，两者的加工工艺基本相同，利用旋转的多刃刀具来进行切削加工，具有高效率、高柔性、高精度和加工范围广等特点，可以铣平面、铣螺旋槽、铣台阶面、铣键槽、铣直槽、铣成形面、切断等，由此可见，数控铣削加工在机械制造业中得到了广泛的应用。

常用的数控铣床分为卧式铣床、立式铣床、万能工具铣床和加工中心等。

（1）卧式铣床：铣床主轴是水平的，与工作台的工作表面平行。

（2）立式铣床：铣床主轴与工作台的工作表面相互垂直。

（3）万能工具铣床：铣床有两个主轴，可以加工各种角度和比较复杂的型面，工作台能在相互垂直的平面内旋转一定的角度。

（4）加工中心：加工中心是带有刀库和自动换刀装置的一种高度自动化的多功能数控机床，分为立式加工中心和卧式加工中心两种。

本实训中所使用的机床是山东威力重工机床有限公司推出的 LV-550 型立式加工中心，如图 5-1 所示，其为主轴为垂直状态的加工中心，其结构形式多为固定立柱，工作台为长方形，具有三个直线运动坐标轴，适合加工盘、套、板类零件。立式加工中心具有装卡方便、便于操作、易于观察加工情况、调试程序容易、应用广泛等特点。

数控铣床系统是机床的核心，可根据数控铣床的功能和性能要求配置相应的数控系统，系统不同，其代码指令和编程规则也有所差异。常用的数控铣床系统主要有日本发那科（FANUC）、德国西门子（SIEMENS）、日本三菱（MITSUBISHI）、德国海德汉（HEIDENHAIN）、西班牙凡高（FAGOR）等公司的数控系统和相关产品，在数控行业占

图 5-1　数控加工中心

据主导地位；我国数控系统以华中"世纪星"（HNC）、大连大森（DASEN）、南京华兴（WASHING）和北京凯恩帝（KND）为代表，也已将高性能数控系统产业化。

本实训对凯恩帝 K2000M4 数控系统进行介绍。K2000M 系列数控系统是新一代高端数控铣床、加工中心系统，可实现 2ms 的插补周期，具有高速响应能力，新增了 3D 实体图形、多方式对刀、高速高精及断点控制等多种控制功能，最大控制轴数为 3/4/8 轴，可配置高速伺服单元及绝对式编码器电机，适用于各种高性能数控铣床和立、卧、龙门加工中心机床。

5.2 实 训 目 标

(1) 了解数控加工中心的基本结构及操作方法。
(2) 掌握数控加工中心的编程方法和基本操作步骤。
(3) 熟练操作数控加工中心对工件进行简单的铣削加工。

5.3 数控加工中心结构

根据机床的类别、功能、参数等的不同，数控加工中心的结构也有所不同。虽然在机床制造过程中，可根据加工需求进行生产，但同类机床的基本功能和部件组成一般差别较小，尽管出现了各种类型的加工中心，其外形结构各异，但从总体来看，其主要由基础部分、主轴部分、进给机构、数控系统、自动换刀系统和辅助装置等组成。

1. 基础部分

加工中心的基础部分主要由床身、立柱、横梁、工作台和底座等部件组成。它们主要承受加工中心的静载荷及在加工时产生的切削负载，对加工中心各部件起支撑和导向作用，因此要求基础支撑件必须具有足够的刚度、较高的固有频率和较大的阻尼，这些工件通常是铸铁件或焊接而成的钢结构件，是加工中心中体积和重量最大的基础构件。

2. 主轴部分

主轴部分主要由主轴箱、主轴电动机、主轴和主轴轴承等零件组成。主轴的启动、停止和变速等动作均由数控系统控制，装在主轴上的刀具随主轴高速旋转参与切削运动，主轴是切削加工的功率输出部件。主轴系统为加工中心的主要组成部分，和常规机床主轴系统相比，加工中心主轴系统具有更高的转速、更高的回转精度以及更好的结构刚性和抗震性。

3. 进给机构

进给机构主要由进给伺服电动机、机械传动装置和位移测量元件等组成，用来驱动工作台等移动部件形成进给运动。加工中心进给驱动机械系统直接实现直线或旋转运动的进给和定位，对加工的精度和质量影响很大，因此加工中心对其进给系统的运动精度、运动稳定性和快速响应能力要求较高。

4. 数控系统

加工中心的数控系统由 CNC 装置、可编程控制器、伺服驱动装置以及操作面板等部分组成，是完成加工过程的控制中心。CNC 装置一般由中央处理器和输入、输出接口组成。中央处理器又由存储器、运算器、控制器和总线组成。计算机与其他装置之间可通过接口设备连接。当控制对象改变时，只需改变软件与接口。

5. 自动换刀系统

自动换刀系统由刀库、机械手和驱动机构等部件组成。刀库是存放加工过程所使用的全部刀具的装置；刀库有盘式、鼓式和链式等多种形式，容量从几把到几百把，当需要换刀时，根据数控系统指令，通过伸出机械手(或通过别的方式)将刀具从刀库取出并装入主轴中。机械手的结构根据刀库与主轴的相对位置及结构的不同也有多种形式，如单臂式、双臂式、回转式和轨道式等。有的加工中心不用机械手而利用主轴箱或刀库的移动来实现换刀。尽管换刀过程、选刀方式、刀库结构、机械手类型等各不相同，但都是在 CNC 装置及可编程控制器的控制下，由电机和液压或气动机构驱动刀库和机械手实现刀具的选择与交换的。

6. 辅助装置

辅助装置包括润滑、冷却、排屑、防护、液压、气动和检测系统等部分，这些装置虽然不直接参与切削运动，但对加工中心的加工效率、加工精度和可靠性起着保障作用，因此也是加工中心不可缺少的部分。由于加工中心的生产率较高，且可长时间进行自动化加工，因而冷却、润滑、排屑等问题比常规机床更为突出，大切削量的加工需要强力冷却和及时排屑，从而促进了半封闭、全封闭结构机床的产生。

5.4 数控加工中心原理

数控加工中心的工作原理是根据零件图纸制定工艺方案，采用手工或计算机自动编制零件加工程序，把零件所需的机床各种动作及全部工艺参数变成机床的 CNC 装置能接收的信息代码，并把这些代码存储在信息载体(穿孔带、磁盘等)上，通过装置读取信息，或利用计算机和数控加工中心直接进行通信，实现零件程序的输入和输出。

输入 CNC 装置的信息经过一系列处理和运算转变为脉冲信号。有的信号被输送到可编程控制器中用于控制机床的其他辅助动作，实现刀具自动更换等动作；有的信号则被输送到机床的伺服机构，通过伺服机构进行转换和放大，再经过传动机构驱动机床相关零部件，使刀具和工件严格按照加工程序所规定的路线进行相对运动，将工件毛坯上刀具经过部分的材料去除，最终获得所需工件。

5.5 设 备 参 数

(1)NC 轴数：4。

(2)PLC 轴数：4。

(3)同步轴功能：具有同步轴功能。

(4)插补周期：2ms(默认)。

(5)最小指令单位：公制 0.001mm(默认)，英制 0.0001in(默认)。

(6)最大指令值：±999996.999mm(默认)。

(7)最大快速进给速度：240000mm/min(默认)。

(8)快速进给倍率：F0、25%、50%、100%。

(9)最大进给速度范围：60000mm/min。

(10)进给速度倍率：0~150%。

(11)主轴倍率：50%～120%。

(12)自动加减速：可自动加减速。

(13)单步进给：×1、×10、×100、×1000。

(14)电源：单相 AC 220V+10%～15%，50Hz±1Hz。

(15)机床工作电压：380V。

(16)机床电源容量：6kV·A。

(17)机床轴行程：X 轴行程 550mm、Y 轴行程 400mm、Z 轴行程 500mm。

(18)工作台尺寸(长×宽)：800mm×400mm。

5.6 实 训 内 容

5.6.1 铣刀基础知识

铣刀是用于铣削加工的旋转刀具，具有几条能连续切除一定量材料的切削刃，当两条或更多的切削刃同时切入材料时，刀具即可在工件上将材料切到一定的深度，实现工件的铣削加工。

1. 铣刀的组成

铣刀的种类很多，结构上各有特点，主要包括前刀面、后刀面、副后刀面、主切削刃、副切削刃、刀尖等部分。

(1)前刀面。

前刀面是指铣刀上切屑流过的表面。

(2)后刀面。

后刀面是指与工件切削中产生的表面相对的表面。

(3)副后刀面。

副后刀面是指刀具上同前刀面相交形成副切削刃的后刀面。

(4)主切削刃。

主切削刃是指起始于主偏角为零的点，并至少有一段切削刃被用来在工件上切出过渡表面的整段切削刃。

(5)副切削刃。

副切削刃是指切削刃上除主切削刃以外的刀刃，也起始于主偏角为零的点，但它向背离主切削刃的方向延伸。

(6)刀尖。

刀尖是指主切削刃与副切削刃的连接处相当少的一部分切削刃。

2. 铣刀的类型

不同类型的铣刀适用于不同的铣削加工，铣刀种类繁多，通常按照安装方法或用途进行分类。

1)按铣刀安装方法分类

按照安装方法的不同，可以将铣刀分为套式铣刀、片式铣刀、直柄铣刀和锥柄铣刀等。

(1)套式铣刀。

套式铣刀指在铣刀的轴线上有一个贯通的圆柱孔，可以通过铣刀端面的端面键槽来驱动铣刀旋转。

（2）片式铣刀。

片式铣刀指与套式铣刀相似，在铣刀的轴线上有一个贯通的圆柱孔，不同的是，片式铣刀可通过孔壁上的键槽或者刀盘上的圆孔来驱动铣刀旋转。

（3）直柄铣刀。

直柄铣刀是指铣刀柄部的基本形状为圆柱形，其中包括完整的圆柱和带压力面的削平形（按直径分为单压力面和双压力面）两种形式。

（4）锥柄铣刀。

锥柄铣刀是指铣刀柄部的基本形状为圆锥形，其中基本的形式包括莫氏圆锥、7∶24 圆锥、HSK 圆锥等，还包括一些非圆锥的异形锥，如 CAPTO 等。

2）按铣刀用途分类

按照用途不同，可将铣刀分为圆柱形铣刀、端铣刀、盘形铣刀、锯片铣刀、立铣刀、键槽铣刀、角度铣刀和成形铣刀等，如图 5-2 所示。

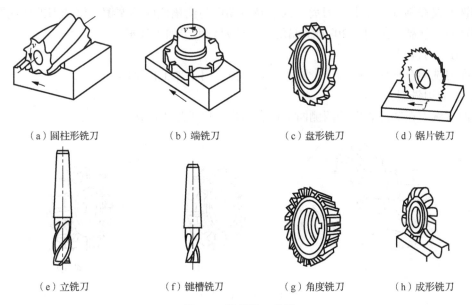

（a）圆柱形铣刀 （b）端铣刀 （c）盘形铣刀 （d）锯片铣刀

（e）立铣刀 （f）键槽铣刀 （g）角度铣刀 （h）成形铣刀

图 5-2　常用铣刀种类

（1）圆柱形铣刀。

圆柱形铣刀的切削刃呈螺旋状分布在圆柱表面上，其两端面无切削刃，常用于卧式铣床上加工平面。圆柱形铣刀多采用高速钢整体制造，也可以镶焊硬质合金刀条。

（2）端铣刀。

端铣刀的切削刃分布在其端面上。切削时，端铣刀轴线垂直于被加工表面。它常用于立式铣床上加工平面。端铣刀多采用硬质合金刀齿，因此生产率较高。常用的端铣刀多为面铣刀和鼓形铣刀两类，如图 5-3 所示。

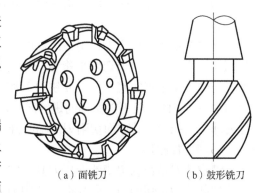

（a）面铣刀 （b）鼓形铣刀

图 5-3　面铣刀和鼓形铣刀

① 面铣刀。

面铣刀周围方向的切削刃为主切削刃，端部的切削刃为副切削刃，可用于立式铣床或卧式铣床上加工平面和台阶面，生产率较高。面铣刀多为套式镶齿结构，刀齿为高速钢或硬质合金材料。可转位式硬质合金面铣刀的铣削速度、加工效率和工件表面质量较高，且可加工带有淬硬层的工件，因而在数控加工中得到了广泛的应用。

② 鼓形铣刀。

鼓形铣刀的切削刃分布在一定半径的圆弧面上，端面无切削刃。铣削加工时通过控制刀具的上下位置，相应改变刀刃的切削部位，可在工件上切出角度不同的斜角。半径越小，铣刀所能加工的任意角范围越广，但所得的表面质量也越差。这种刀具的特点是刃磨困难、切削条件差，而且不适于加工有底的轮廓表面。

（3）盘形铣刀。

盘形铣刀包括槽铣刀、两面刃铣刀和三面刃铣刀，如图 5-4 所示。

① 槽铣刀。

槽铣刀仅在圆柱表面上有刀齿。为了减少端面与沟槽侧面的摩擦，槽铣刀的两侧面常做成内凹锥面，使副切削刃有 30′ 的副偏角。槽铣刀只用于加工浅槽。

② 两面刃铣刀。

两面刃铣刀在圆柱表面和一个侧面上有刀齿，用于加工台阶面。

③ 三面刃铣刀。

三面刃铣刀在圆柱表面和两侧面上都有刀齿，用于加工沟槽。

　（a）槽铣刀　　　　　　　（b）两面刃铣刀　　　　　　（c）三面刃铣刀

图 5-4　盘形铣刀

（4）锯片铣刀。

锯片铣刀实际上就是薄片槽铣刀，其作用与切断刀类似，用于切断材料或铣削狭槽。

（5）立铣刀。

立铣刀是数控机床上使用最广泛的一类铣刀，其圆柱表面上的切削刃为主切削刃，通常为螺旋结构，可以增加切削平稳性，提高加工精度；端面上的切削刃为副切削刃，主要用来加工与侧面相垂直的底平面。立铣刀可加工平面、台阶面和沟槽等。普通立铣刀的端面中心无切削刃，因此一般不能做轴向进给运动。用于加工三维成形表面的立铣刀的端部做成球形，称为球头立铣刀，其球面切削刃从轴心开始，也是主切削刃，可做多向进给运动。

（6）键槽铣刀。

键槽铣刀是铣制键槽的专用刀具。它仅有两个刃齿，其圆柱面和端面上都有切削刃，端面的切削刃为主切削刃，圆柱面的切削刃为副切削刃，端面刃延至中心处，既像立铣刀又像钻头，使用时先沿键槽铣刀轴向进给切入工件，然后沿键槽方向进给铣出全槽。为保证被加工键槽的尺寸，键槽铣刀只重磨端面刃，常用它来加工圆头封闭键槽。

(7) 角度铣刀。

角度铣刀可用于加工带角度的沟槽和斜面，通常可分单角度铣刀和双角度铣刀。单角度铣刀的圆锥切削刃为主切削刃，端面切削刃为副切削刃；双角度铣刀的两圆锥面的切削刃均为主切削刃，又分为对称双角度铣刀和不对称双角度铣刀。

(8) 成形铣刀。

成形铣刀是在铣床上加工成形表面的专用刀具，如图 5-5 所示，其刃形可根据工件廓形进行设计，如燕尾槽和 T 形槽等，通常具有较高的加工精度和生产率。成形铣刀按齿背形状可分为尖齿成形铣刀和铲齿成形铣刀两类。尖齿成形铣刀制造与重磨的工艺复杂，在生产中较为少见；铲齿成形铣刀在不同的轴向截面内具有相同的截面形状，磨损后沿前刀面刃磨，仍可保持刃形不变，易制造，重磨工艺简单，经过铲磨加工后，可保证较高的耐用度和加工表面质量，因此在生产中得到广泛应用。

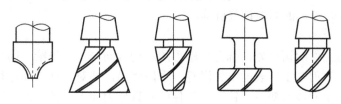

图 5-5　成形铣刀

此外，铣刀还可以按刀齿疏密程度分为粗齿铣刀和细齿铣刀。粗齿铣刀刀齿数少，刀齿强度高，容屑空间大，多用于粗加工；细齿铣刀刀齿数多，容屑空间小，多用于精加工。

3. 铣削方式

各种平面的铣削可以采用端铣刀和圆柱形铣刀。通常用端铣刀铣削平面的方法称为端铣，铣削时铣刀轴线与加工平面垂直；用圆柱形铣刀铣削平面的方法称为周铣，铣削时铣刀轴线与加工平面平行。

1) 端铣的铣削方式

用端铣刀加工平面时，依据铣刀与工件加工面的相对位置(或称吃刀关系)不同分为对称铣、不对称顺铣和不对称逆铣三种铣削方式，如图 5-6 所示。

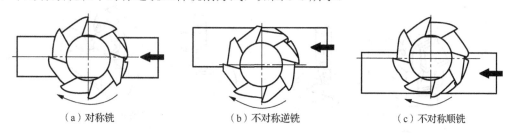

　　(a) 对称铣　　　　　　　　　(b) 不对称逆铣　　　　　　　　(c) 不对称顺铣

图 5-6　端铣的铣削方式

(1) 对称铣：铣刀露出工件加工面两侧的距离相等。

(2) 不对称顺铣：切离一侧铣刀露出加工面的距离小于切入一侧露出距离。

(3) 不对称逆铣：切离一侧铣刀露出加工面的距离大于切入一侧露出距离。

2) 周铣的铣削方式

周铣可以分为顺铣和逆铣两种方式，如图 5-7 所示。

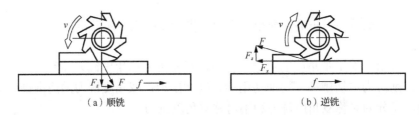

（a）顺铣　　　　　　　　　　　（b）逆铣

图 5-7　周铣的铣削方式

（1）顺铣。

在旋转铣刀与工件的切点处，铣刀切前刃的运动方向与工件进给方向相同的铣削方法称为顺铣。顺铣时，铣刀齿容易切入工件，切屑由厚逐渐变薄。铣刀对工件切削力的垂直分力向下压紧工件，使得铣削过程平衡，不易产生振动。但是，铣刀对工件的水平分力与工作台的进给方向一致，会使工作台出现爬行现象。这是由于工作台的丝杠与螺母之间有间隙，在水平分力的作用下，丝杠与螺母之间的间隙会消除而使工作台出现突然窜动。使用顺铣时，铣床必须具备丝杠与螺母的间隙调整机构。

（2）逆铣。

在旋转铣刀与工件的切点处，铣刀切削刃的运动方向与工件进给方向相反的铣削方法称为逆铣。逆铣时，刀刃在工件表面上先滑行一小段距离，并对工件表面进行挤压和摩擦，然后切入工件，切屑由薄逐渐变厚。铣刀对工件的垂直分力向上，使工件产生抬起趋势，易引起刀具的径向振动，造成已加工表面产生波纹，影响刀具的使用寿命。丝杠与螺母的间隙对铣削没有影响。在实际生产过程中，广泛采用顺铣。

4. 铣削加工范围

在机械加工领域，铣削加工占据了重要的位置，生产中应用较为广泛，涉及平面、螺旋槽、台阶面、键槽、直槽、成形面等的铣削和切断加工，如图 5-8 所示。

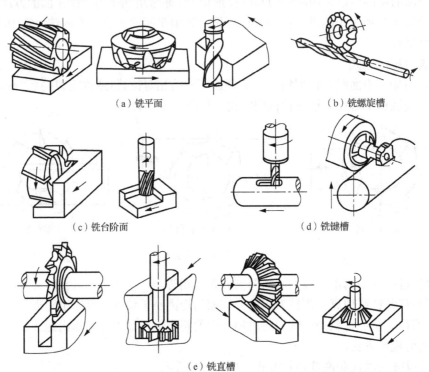

（a）铣平面　　　　　　　　　　　　　　　　（b）铣螺旋槽

（c）铣台阶面　　　　　　　　　　　　　　　（d）铣键槽

（e）铣直槽

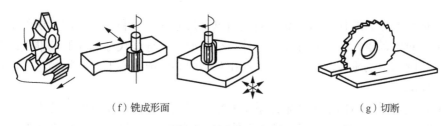

（f）铣成形面　　　　　　　　　　　　（g）切断

图 5-8　铣削加工范围

5.6.2　数控加工中心坐标系

1. 机床坐标轴

与数控车床相同，机床坐标轴的相互关系由右手笛卡儿直角坐标系决定。

对于立式加工中心(铣床)，由于其为有旋转主轴的机床，先确定 Z 轴方向：主轴轴线方向为 Z 轴方向，以刀具远离工件的方向为 Z 轴正方向。然后确定 X 轴方向：操作人员面向工作台时，在工作台移动方向中，刀具相对于工件向右移动的方向为 X 轴正方向。最后确定 Y 轴正方向：根据右手定则即可确定，刀具相对于工件向远离操作人员移动的方向为 Y 轴正方向。上述坐标轴的正方向均是假定工件不动，刀具相对于工件做进给运动的方向，与数控车床相类似。

2. 机械零点和机床坐标系

在数控加工中心上加工零件时，机床的动作是由数控系统发出的指令来控制的。为了确定机床的运动方向和移动距离，需要在机床上设置一个基准点，这个基准点称为机械零点，机械零点的位置不能改变。以机械零点为机床坐标轴原点所建立的坐标系，称为机床坐标系，机床坐标系是基本坐标系，也是设定工件坐标系的基础。通常，数控加工中心的机械零点定在 X、Y、Z 轴的正向极限位置，由此可见，数控加工中心的机床坐标系中表示刀具位置的坐标值都是负值。

3. 机床参考点

机床参考点是机床上一个固定的机械点，由行程挡块控制其位置，通常，数控加工中心的机床参考点设置在机床各轴的正向极限位置上，即机床参考点位置与机械零点位置重合。机床参考点主要是为 CNC 装置提供一个固定不变的参照，用于对机床工作台、滑板与刀具相对运动的测量系统进行标定和控制，保证了每一次上电后进行位置控制，不受系统失步、漂移和热胀冷缩等影响。机床上电后，通过手动回零使各轴返回参考点位置，建立机床坐标系，机床坐标系一旦设定就保持不变，直至电源关闭。

4. 工件坐标系和程序原点

编程人员在编写程序时，选择工件上的某一已知点为原点，建立一个平行于机床各轴方向的坐标系，称为工件坐标系，该工件坐标系的原点称为程序原点。工件坐标系是在数控编程时用来定义工件形状和刀具相对于工件位置的坐标系，一旦建立便一直有效，直到被新的工件坐标系所取代。

工件坐标系的引入是为了简化编程、减少计算，使编辑的程序不因工件安装位置的不同而不同，虽然数控系统进行位置控制的参照是机床坐标系，但是操作人员一般都是在工件坐标系下操作或编程的。为保证数控编程与机床加工的一致性，工件坐标系也采用右手笛卡儿直角坐标系。工件装夹到机床上时，应使工件坐标系与机床坐标系的坐标轴方向保持一致。

工件坐标系原点的选择要尽量满足编程简单、尺寸换算少和引起的加工误差小等条件。一般情况下，对于以坐标式尺寸标注的零件，程序原点应选在尺寸标注的基准点；对于对称零件或以同心圆为主的零件，程序原点应选在对称中心线或圆心上；Z 轴的程序原点通常选在工件的上表面。

程序原点确定后，需确定工件坐标系坐标轴。根据工件在机床上的安装方向和位置确定 Z 轴方向，即工件安置在数控机床上时，工件坐标系的 Z 轴与机床坐标系的 Z 轴平行，正方向一致，在工件上通常与工件主要定位支撑面垂直；然后，选择零件尺寸较长方向(或切削时的主要进给方向)为 X 轴方向，在数控机床上安置后，其方位与机床坐标系的 X 轴平行，正方向一致；过原点与 X 轴、Z 轴垂直的轴为 Y 轴，并根据右手定则确定 Y 轴的正方向。

加工开始时要设置工件坐标系，用 G92 指令可建立工件坐标系；用 G54～G59 指令可选择工件坐标系。

5.6.3　数控加工中心操作

本实训对山东威力重工机床有限公司推出的 LV-550 型立式加工中心数控操作台各按键的操作功能进行说明。数控操作台如图 5-9 所示，分为数控系统操作面板、机床控制面板和机床附加面板三个部分。

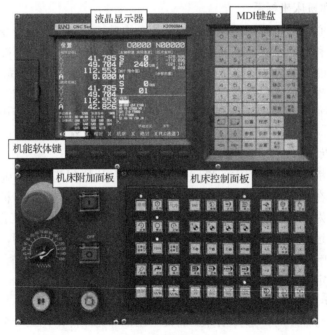

图 5-9　数控操作台

1. 数控系统操作面板

数控系统操作面板主要由液晶显示器、机能软体键和 MDI 键盘组成，用于对数控系统进行操作。

1)液晶显示器

本数控系统采用的是 9.4/10.4in 高分辨率液晶显示器，主要用于显示系统状态、菜单程序、故障报警、坐标参数、加工参数和系统设置等。

2)机能软体键

机能软体键是设置在液晶显示器下方的一排按键，是用于选择各种显示界面的菜单键，如图 5-10 所示。每一主菜单下又分为若干项子菜单，最左端的软体键 "◀" 用于从子菜单返回主菜单的初始状态；最右端的软体键 "▶" 用于选择同级菜单的其他菜单内容；软体键的具体功能由液晶显示器最下一行的软体键功能菜单的内容而定，在不同页面下的菜单功能不同。

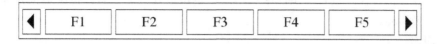

| ◀ | F1 | F2 | F3 | F4 | F5 | ▶ |

图 5-10　机能软体键

3)MDI 键盘

MDI 键盘主要由地址/数字键、"复位" 键、翻页键、"输入" 键、"切换" 键、"小写" 键、光标移动键、编辑键和功能键等组成，如图 5-11 所示，用于系统加工参数设定、刀具坐标设置、工件程序录入和系统管理操作等。

（1）地址/数字键。

地址/数字键也称数字键和字母键，在编写程序和设定参数过程中用于输入字母、数字等字符，其中大部分的地址/数字键是复合键，按 "切换" 键后，再按相应的地址/数字键即可切换输入按键上的数字或字母。

（2）"复位" 键。

"复位" 键主要用于使 CNC 复位或取消机床报警等，当机床出现问题或系统错误时，显示器右下方将显示红色 "报警" 字样，解决问题或修正系统错误后，按 "复位" 键即可消除报警。

（3）翻页键。

MDI 键盘上有两个翻页键，向上翻页和向下翻页，主要用于将显示器中所显示的页面向前翻页或向后翻页。

（4）"输入" 键。

当按下一个字母键或数字键时，数据被输入缓存区，并且显示在显示器上。要将输入缓存区的数据复制到偏置寄存器中，必须按 "输入" 键，这个 "输入" 键与机能软体键中的 "输入" 功能是等效的。

图 5-11　MDI 键盘

（5）"切换" 键。

"切换" 键的功能类似于计算机键盘上的 "SHIFT" 键，按下 "切换" 键时，系统进入 "SHIFT" 状态，再按下 "切换" 键后，系统退出 "SHIFT" 状态。在 MDI 键盘中，部分按键为复合键，具有两个功能，按 "切换" 键可以在这两个功能之间进行切换，在 "SHIFT" 状态下，按键右下角字符为该按键的含义；在非 "SHIFT" 状态下，按键上中间的字符为该按键的含义，切换键对非复合键含义无效。

（6）"小写" 键。

"小写" 键主要用于切换地址键的大小写，和 "切换" 键类似，按下 "小写" 键时，系统进入 "小写" 状态，按地址键后，可以输入该键对应的小写字符；再次按下 "小写" 键时，系统退出"小写"状态。

(7)光标移动键。

在 MDI 键盘上有四个光标移动键，分为上、下、左、右四个方向，按下此键时，光标将按所示方向移动。其中，上、下键可以使光标向上或向下移动一个区分单位。搜索程序和参数时，按光标上、下键可向上或向下搜索指定字符和参数；左、右键可以使光标向左或向右移动一个区分单位。在"设置"页面中也用于设定参数开关的状态。持续地按光标移动键，可使光标连续移动。

(8)编辑键。

系统中有五种编辑键，分别为"插入"键、"修改"键、"删除"键、"EOB"键和"取消"键。

①"插入"键。

"插入"键用于编辑时，在程序中的光标指示位置插入字符。

②"修改"键。

"修改"键用于编辑时，在程序中的光标指示位置修改字符或符号。

③"删除"键。

"删除"键用于编辑时，删除在程序中光标指示位置的字符或程序。

④"EOB"键。

"EOB"键用于输入程序段结束符，按此键一个程序段结束。

⑤"取消"键。

"取消"键用于删除最后一个进入输入缓冲区的字符或符号，即按一次该键即可删除缓冲区的一个字符或符号。

(9)功能键。

系统中常用的功能键有八种，分别为"位置"键、"程序"键、"刀补"键、"参数"键、"诊断"键、"报警"键、"设置"键和"机床/索引"键。

①"位置"键。

按"位置"键显示刀具位置界面，如图 5-12 所示，该界面下包含"总和"、"相对"、"机床"、"绝对"和"PLC 通道"五项子菜单，主要用于显示机床坐标系、工件坐标系、余移动量、实际速度、编程速率、快速倍率、主轴转速、加工件数、加工时间、G 功能码、MST 指令值和程序等内容。

②"程序"键。

按"程序"键显示程序界面，如图 5-13 所示，该界面下包含"地址值"、"程序"、"目录"、"U 盘"、"断点管理"和"断电管理"六项子菜单，主要显示现有程序段、MDI 数据、加工程序、各种坐标值、程序目录和 U 盘信息等内容。按"程序"键，在编辑方式下，可显示内存中的程序，并可对程序进行编辑和检索；在 MDI 方式下，可显示 MDI 数据，执行 MDI 输入的程序；在自动方式下，可显示并监控运行的程序和指令值。

③"刀补"键。

按"刀补"键显示刀补界面，如图 5-14 所示，在该界面下包含"偏置"和"宏变量"等子菜单。按"偏置"键显示偏置设置界面，利用 MDI 键盘上的光标移动键将光标移动至所需设定参数的位置，再按数字键将加工所需刀补参数数值输入缓存区后，按"输入"键即可将刀具偏置量或刀具磨损补偿值等参数设定为输入值。

④ "参数" 键。

按 "参数" 键显示参数界面，如图 5-15 所示，该界面下包含 "参数"、"螺补"、"目录"、"上一区" 和 "下一区" 五项子菜单，主要用于显示和设定系统参数、螺补参数和快速定位系统参数。

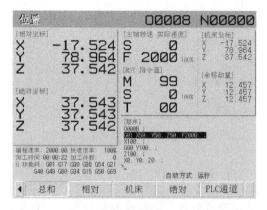

图 5-12 位置界面

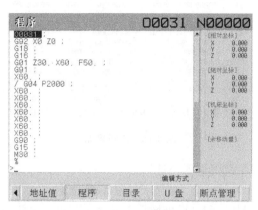

图 5-13 程序界面

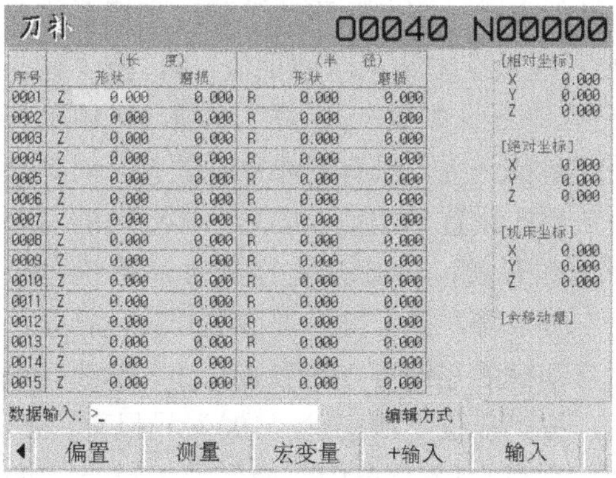

图 5-14 刀补界面

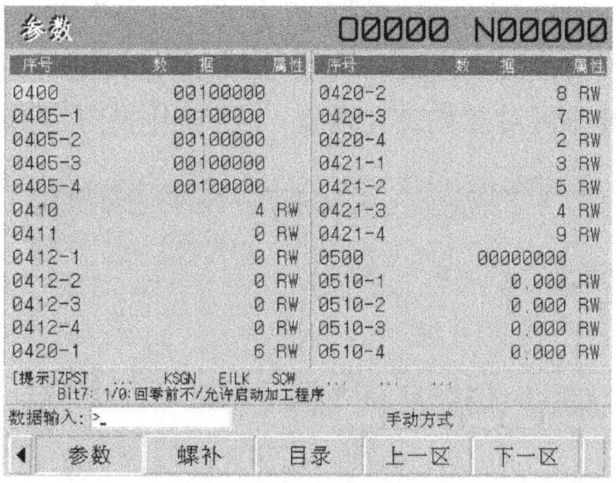

图 5-15 参数界面

⑤ "诊断" 键。

按 "诊断" 键显示诊断界面，如图 5-16 所示，该界面下包含 "PC 接口"、"PC 参数"、"NC 状态"、"运行/停止" 和 "梯图" 五项子菜单。PLC 内部地址数据主要分为 PLC 接口状态、PLC 参数和 NC 状态三类。操作者能够对 PLC 参数进行设置，但不能设置 PLC 接口状态和 NC 状态，这些状态主要由外部 I/O 状态、系统程序和 PLC 程序决定，但可通过诊断界面查看到所有内部地址数据的当前值。

⑥ "报警" 键。

当操作者编程错误、操作失误、外部输入错误或 PLC 程序错误等情况发生时，系统将自动跳转到报警界面，如图 5-17 所示，在该界面下包含 "报警" 和 "外部" 两项子菜单。可通过机能软体键分别切换到各自的子菜单界面。报警界面会显示当前系统的报警号，并在底部的提示行显示报警提示信息，操作者可根据提示信息查看问题并排除问题，当问题解决后，报警会自动解除，若报警未自动解除，可按 "复位" 键解除报警。

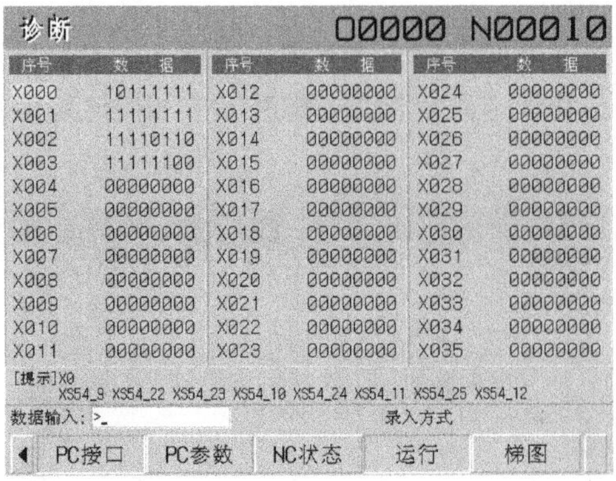

图 5-16　诊断界面

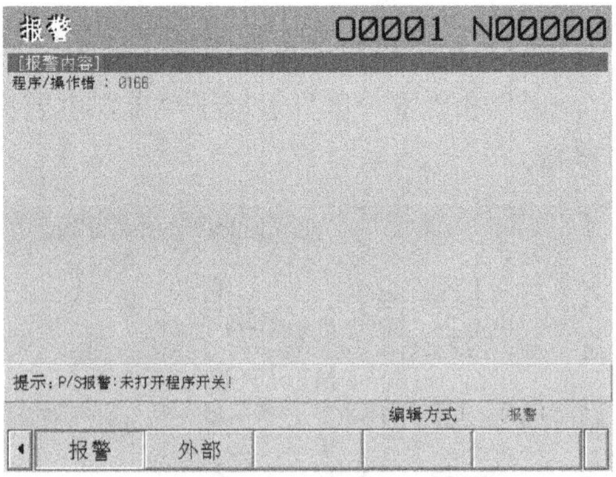

图 5-17　报警界面

⑦ "设置" 键。

按 "设置" 键显示设置界面,如图 5-18 所示,在该界面下包含 "设置"、"参开关"、"G54-59"、"附加" 和 "设坐标系" 五项子菜单,主要用来显示和设置参数,如系统参数开关、工件坐标系设定和扩展坐标系等。在[设置]子菜单中,除 "日期时间" 项外,其他的设置参数都只能取 0 或 1,按机床控制面板上的 "录入" 键,切换到录入方式,按光标移动键移动光标至需要设置的参数项位置,输入 1 或 0(如果是时间项,则利用数字键输入时间项值)后,按 "输入" 键即可对参数进行设置;在[参开关]子菜单中,只有 "系统参数:开/关" 一项,可用于打开或关闭参数开关,只有当参数开关打开时,才能在参数界面设置参数值。按光标移动键的右键可打开参数开关,参数开关打开时,系统会显示 "100" 号报警,提示操作者参数开关被打开,按光标移动键的左键可关闭参数开关,参数开关关闭后,按 "复位" 键解除 "100" 号报警;在[工件坐标系设定]子菜单中,操作者可设定 G54～G59 的工件零点偏置。按机床控制面板上的 "录入" 键,切换到录入方式,按光标移动键选择要设定的工件坐标系,输入轴字母和该轴的零点偏置数值后,按 "输入" 键,即可完成光标所在工件坐标系的一个轴的零点偏置的设定。

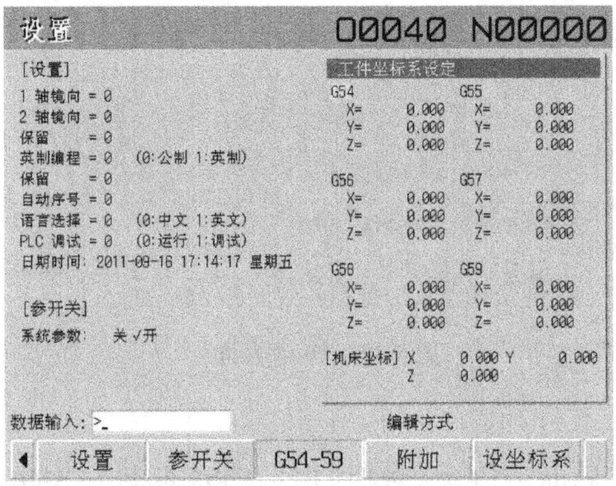

图 5-18　设置界面

⑧ "机床/索引" 键。

按 "机床/索引" 键可切换到机床界面和索引界面,主要用于显示机床软操作面板、各种操作及编程帮助信息。

机床界面又称机床软面板,如图 5-19 所示,该界面的功能与机床控制面板上的相应按键等效。操作者可以通过机床界面完成对机床的直接控制。机床界面包含三个子菜单,三个子菜单显示在同一屏幕上,可通过翻页键进行切换,每项子菜单下都包含若干机床功能,每一项功能后都注明了该项功能对应的按键。

索引界面以列表的形式显示简单的帮助信息,如图 5-20 所示,该界面下包含 "操作表"、"G 码表"、"参/诊"、"宏指令" 和 "报警表" 五项子菜单,按机能软体键可进入对应的子菜单界面，每个子菜单界面又分为多页，可按翻页键进行上下翻页。

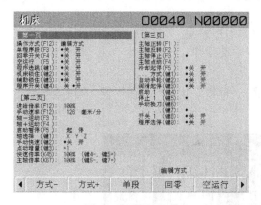 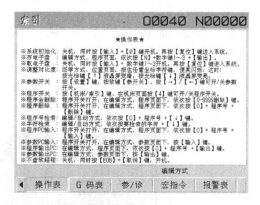

图 5-19　机床界面　　　　　　　　　　　　图 5-20　索引界面

2. 机床控制面板

机床控制面板主要由操作方式选择键、程序检查键、轴手动按键、主轴键、手动辅助机能键和倍率选择键等组成，机床的型号不同，机床控制面板开关的配置、形式和排列顺序也有所差异，但基本功能相同。通过控制面板可直接指定机床动作，实现工件的手动加工过程。

1）操作方式选择键

机床控制面板的操作方式选择键主要包括"编辑"键、"自动"键、"录入"键、"回零"键、"单步"键和"手动"键，如图 5-21 所示。

（1）"编辑"键。

按机床控制面板上的"编辑"键，则选择编辑操作方式，此时键上的指示灯亮，显示器右下角显示红色"编辑方式"字样，在该方式下可进行程序的编辑、修改和删除等操作。

（2）"自动"键。

按机床控制面板上的"自动"键，则选择自动操作方式，此时键上的指示灯亮，显示器右下角显示红色"自动方式"字样，可对机床进行自动操作。

（3）"录入"键。

图 5-21　操作方式选择键

按机床控制面板上的"录入"键，则选择录入操作方式（MDI 方式），此时键上的指示灯亮，显示器右下角显示红色"录入方式"字样，系统将自动创建一个临时程序窗口，程序号为 O0000，可录入一段临时程序，按"启动"键即可运行该程序，运行完毕后，系统将自动清空临时程序。

（4）"回零"键。

按机床控制面板上的"回零"键，则选择手动回零操作方式，此时键上的指示灯亮，显示器右下角显示红色"回零方式"字样，按面板上的轴手动按键可对相应的运动轴进行返回参考点操作。

（5）"单步"键。

按机床控制面板上的"单步"键，则选择手摇进给操作方式，此时键上的指示灯亮，显示器右下角显示红色"手轮方式"字样，通过手摇脉冲发生器即可对运动轴进行进给操作。

（6）"手动"键。

按机床控制面板上的"手动"键，则选择手动操作方式，此时键上的指示灯亮，显示器右下角显示红色"手动方式"字样，可对机床进行手动操作。

2）程序检查键

程序检查键主要包括"单段"键、"空转"键、"轴锁"键、"M 锁"键、"跳段"键等，如图 5-22 所示。

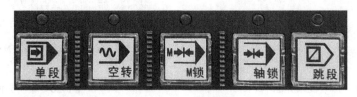

图 5-22　程序检查键

（1）"单段"键。

单程序段开关由机床控制面板上的"单段"键控制，该键带自锁功能，多次按下时，会在开/关状态中进行切换。单程序段开关开启时，键上的指示灯亮，执行完一个程序段后，系统将会停止，再次启动后，执行完下一个程序段后，系统将会再次停止。

操作者可利用该功能逐个程序段地执行整个程序，常用于检查多个程序段的执行结果是否满足工艺要求。

（2）"空转"键。

忽略程序中的指定速度，以系统设定的速度移动刀具，称为空运行。空运行开关由机床控制面板上的"空转"键控制，该键带自锁功能，多次按下时，会在开/关状态中进行切换。在自动方式或录入方式下，启动程序前，按下"空转"键，键上的指示灯亮，选择要检查的程序，按下"自动"键即可。空运行开关关闭后，指示灯灭。

空运行不用于加工，一般情况下，工作台上不放工件，利用该功能可检查刀具的移动是否正确。

（3）"轴锁"键。

按机床控制面板上的"轴锁"键，可切换轴锁的开关状态，该键带自锁功能，多次按下时，会在开/关状态中进行切换，当轴锁功能开启时，键上的指示灯亮，在自动方式下，机床运动轴不再移动，但是显示器界面可以显示刀具位置坐标的变化，就像刀具在运动一样，且M、S、T 指令均能正确执行。当轴锁功能关闭时，键上的指示灯灭。

应注意的是，全轴机床锁住功能主要用于校验程序的运行轨迹是否正确，程序正常运行时，切记不能动此开关。

（4）"M 锁"键。

按机床控制面板上的"M 锁"键，可切换 M 锁的开关状态，M 锁开关又称辅助功能锁住开关。该键带自锁功能，多次按下时，会在开/关状态中进行切换，当 M 锁功能开启时，键上的指示灯亮，M、S、T 指令均不执行，当 M 锁功能关闭时，键上的指示灯灭。

M 锁开关一般和轴锁开关一起使用，用于校验程序。执行 M00、M01、M02、M30、M98、M99 指令时，不受 M 锁开关状态的影响。

(5)"跳段"键。

跳过任选程序段开关(简称跳段开关)由机床控制面板上的"跳段"键控制,该键带自锁功能,多次按下时,会在开/关状态中进行切换。在自动运行前或自动运行时,按"跳段"键,跳段开关开启,键上的指示灯亮,系统将不会执行程序中包含"/"的程序段,跳段开关关闭时,指示灯灭。

3)轴手动按键

轴手动按键主要包括手动进给轴键和"快速"键,如图 5-23 所示。

(1)手动进给轴键。

手动进给轴键用于在手动方式下,选择进给运动轴,即+X、+Y、+Z、−X、−Y、−Z 以及+4 和−4 轴。

(2)"快速"键。

在手动方式下按"快速"键,可控制手动运动为手动快速进给。"快速"键带自锁功能,多次按下时,会在开/关状态中进行切换,手动快速开关开启时,键上的指示灯亮,选择进给运动轴,各运动轴的实际进给速度与快速倍率有关。手动快速开关关闭时,键上的指示灯灭。

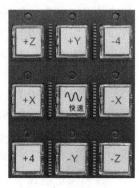

图 5-23　轴手动按键

图 5-24　主轴键

4)主轴键

主轴键包括主轴正转键、主轴反转键、主轴停止键、主轴点动键和主轴倍率调节键,如图 5-24 所示。

(1)主轴正转键。

在手动/手轮/回零方式下,按"正转"键,可启动主轴正向转动。无论在何种方式下,主轴正转时,键上的指示灯亮,否则指示灯灭。

(2)主轴反转键。

在手动/手轮/回零方式下,按"反转"键,可启动主轴反向转动。无论在何种方式下,主轴反转时,键上的指示灯亮,否则指示灯灭。

(3)主轴停止键。

在手动/手轮/回零方式下,按"停止"键,可停止主轴转动。无论在何种方式下,主轴停止时,键上的指示灯亮,否则指示灯灭。

当主轴处于正转状态时,按"反转"键,主轴会先停止,然后再反转;当主轴处于反转状态时,按"正转"键,主轴也会先停止,然后再正转。

(4)主轴点动键。

在手动/手轮/回零方式下,持续按"点动"键,主轴正向转动;松开"点动"键,主轴则停止转动,转动时键上的指示灯亮,否则指示灯灭。

(5)主轴倍率调节键。

在手动/手轮/回零方式下,通过"主轴倍率↑"和"主轴倍率↓"两个键,可调节主轴的转速,按"主轴倍率↑"键增大主轴转速;按"主轴倍率↓"键减小主轴转速。

5)手动辅助机能键

手动辅助机能键主要包括"换刀"键、"冷却"键和"润滑"键,如图 5-25 所示。

图 5-25　手动辅助机能键

(1)"换刀"键。

在手动/手轮/回零方式下，按"换刀"键，刀架旋转换下一把刀具，换刀过程中，该键上的指示灯亮，换刀完毕时指示灯灭。

(2)"冷却"键。

在手动/手轮/回零方式下，"冷却"键作为冷却液的手动开关，按"冷却"键，可改变冷却液的开关状态，即冷却液输出时，按此键可关闭冷却液，冷却液未输出时，按此键可开启冷却液。"冷却"键是带自锁功能的按键，多次按此键冷却液将在开/关状态中进行切换。无论在何种方式下，当冷却液开启时，键上的指示灯亮，当冷却液关闭时，键上的指示灯灭。

(3)"润滑"键。

在手动/手轮/回零方式下，"润滑"键作为润滑液的手动开关，按"润滑"键，可改变润滑液的开关状态，即润滑液输出时，按此键可关闭润滑液，润滑液未输出时，按此键可开启润滑液。"润滑"键是带自锁功能的按键，多次按此键润滑液将在开/关状态中进行切换。无论在何种方式下，当润滑液开启时，键上的指示灯亮，当润滑液关闭时，键上的指示灯灭。

各辅助机能在手动方式下启动后，方式改变时，输出保持不变。但可通过自动方式执行相应的 M 代码关闭对应的输出。同样，在自动方式执行相应的 M 代码输出后，也可在手动方式下按相应的键关闭相应的输出。

6)倍率选择键

倍率选择键分为 4 挡，可通过 4 个倍率选择键进行选择，这 4 个键均为复合键，如图 5-26 所示。

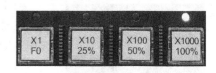

图 5-26　倍率选择键

(1)手动快速进给速度与快速倍率选择有关，手动快速开关开启后，倍率选择键下方内容有效，即"F0"、"25%"、"50%"和"100%"，分别设置快速倍率为最低挡(1%)、25%、50%和100%，则系统设定的快速进给速度参数值与所选择快速倍率值的乘积为当前快速进给速度。由此可知，手动快速进给速度与手动快速开关状态、快速倍率状态和各参数设置有关。

(2)按机床控制面板上的"单步"键，当参数 HPG(P1.3)=0 时，系统进入单步进给方式，倍率选择键上方内容有效，表示移动量为最小编程单位×1、×10、×100、×1000，即每步的输入倍率可为 1 倍、10 倍、100 倍和 1000 倍。按手动进给轴键，选择要移动的轴和移动方向，每按一次，对应的轴都会向指定方向移动一步，移动速率与手动进给速率相同。

(3)按机床控制面板上的"单步"键，当参数 HPG(P1.3)=1 时，系统进入手摇进给方式，倍率选择键上方内容有效，表示每一刻度对应的移动量为最小编程单位×1、×10、×100、×1000，即每一刻度的输入倍率可为 1 倍、10 倍、100 倍和 1000 倍。选择要移动的轴，转动手摇脉冲发生器实现各轴的手动进给运动。

7)其他常用键

其他常用键主要包括"照明"键、"气冷"键和"排屑"键。

(1)"照明"键。

"照明"键为机床的 LED 照明灯管开关，该键带自锁功能，可在开/关之间进行切换。

(2)"气冷"键。

"气冷"键为机床的吹气管道开关，该键带自锁功能，可在开/关之间进行切换。

（3）"排屑"键。

"排屑"键为机床排屑系统开关，该键带自锁功能，可在开/关之间进行切换。

3. 机床附加面板

机床附加面板由机床开机按钮、机床关机按钮、"循环启动"按钮、"暂停"按钮、进给倍率调节旋钮和"急停"按钮组成，如图 5-27 所示。

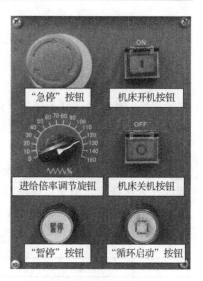

图 5-27　机床附加面板

1）机床开机按钮

机床开机按钮作为立式加工中心的启动开关，按该按钮即可启动机床，液晶显示器默认界面为位置界面。

2）机床关机按钮

机床关机按钮作为立式加工中心的关闭开关，按该按钮即可关闭机床。

3）"循环启动"按钮

按"循环启动"按钮，程序开始自动运行，当一个加工过程完成后，自动停止运行。

4）"暂停"按钮

在程序运行过程中按"暂停"按钮可自动暂停主轴进给运动，但主轴转动正常，是在程序中指定程序停止或者中止的命令。程序暂停后，按"循环启动"按钮，程序可以从暂停位置继续运行。

5）进给倍率调节旋钮

进给倍率调节旋钮用于在操作面板上调整程序中指定的进给速度，如程序中指定的进给速度为 100mm/min，当进给倍率调节旋钮选定 50%时，刀具实际的进给速度为 50mm/min。此旋钮用于改变程序中指定的进给速度，进行试切削，以便检查程序。

6）"急停"按钮

机床运行过程中，在危险或紧急情况下，按下"急停"按钮，CNC 即进入急停状态，伺服进给及主轴运转立即停止，控制柜内的进给驱动电源被切断。故障排除后，松开"急停"按钮（顺时针旋转此按钮 90°左右，按钮将自动弹出），CNC 进入复位状态，执行返回参考点操作，以确保坐标位置正确。

值得注意的是，操作时在启动和退出系统之前应按下"急停"按钮以保障人身、财产安全。

4. 手摇脉冲发生器

手摇脉冲发生器由旋转手轮、坐标轴选择波段开关和增量倍率波段开关组成，主要用于手摇进给操作方式下增量进给坐标轴，如图 5-28 所示。

1）旋转手轮

旋转手轮以手轮转向对应的方向移动刀具，手轮旋转一圈，刀具移动的距离相当于 100 个刻度的对应值。顺时针转动手轮，移动轴将向该轴的"+"坐标方向移动；逆时针转动手轮，移动轴则向该轴的"–"坐标方向移动。

图 5-28　手摇脉冲发生器

2）坐标轴选择波段开关

按一下机床控制面板上的"单步"键（指示灯亮），系统处于手摇进给操作方式，液晶显示器右下角显示红色"手轮方式"字样，当手摇脉冲发生器的坐标轴选择波段开关置于"X"、"Y"或"Z"挡位置时，可手摇进给机床相应的坐标轴，如手摇进给 X 轴：将手摇脉冲发生器的坐标轴选择波段开关置于"X"挡位置，手动转动旋转手轮，转动一格，X 轴将向相应方向移动一个增量值。用同样的方法进行操作，可以使 Y 轴或 Z 轴向正向或负向移动一个增量值。

3）增量倍率波段开关

手摇进给的增量值是手摇脉冲发生器转动一格的移动量，由手摇脉冲发生器的增量倍率波段开关所决定。增量倍率波段开关有"×1"、"×10"和"×100"三挡，增量倍率波段开关位置和增量值的对应关系如表 5-1 所示。

表 5-1　增量倍率波段开关位置和增量值的对应关系

位置	×1	×10	×100
增量值/mm	0.001	0.01	0.1

5.6.4　数控加工中心编程

一个零件程序是由多个符合一定句法结构和规则的程序段构成的，而程序段又是由指令字构成的，各程序段由结束符(;)分隔开，如图 5-29 所示。

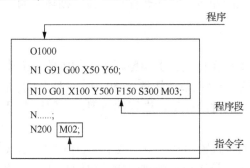

图 5-29　程序的结构

1. 地址和指令字

加工程序中一个英文字母称为一个地址，一个地址后面加一个数字就组成了一个指令字，即指令字由地址和数字组成。地址代表不同功能，加工程序中使用的地址及其功能如附表 5 所示。

2. 程序段的格式

程序段的格式是指一个程序段中各种指令的书写规则，一个完整的程序段包括程序段号 N××××(顺序号)、准备功能 G(刀具移动方式与轨迹)、尺寸字(移动目标)、进给功能 F(进给速度)、主轴功能 S(切削速度)、辅助功能 M(机床辅助动作)和刀具功能 T 等，一个程序段的开头是表示 CNC 运动顺序的程序段号，末尾是表示这个程序段结束的分号，如图 5-30 所示。

N****G**X**Y**M*S****T****;
N：顺序号
G：准备功能
X、Y：尺寸字
M：辅助功能
S：主轴功能
T：刀具功能
分号(;)：程序段结束

图 5-30　程序段格式

3. 程序文件名

CNC 装置可以装入许多程序文件，以磁盘文件的方式读写，而识别各个程序的号码称为程序号，也称为程序文件名，其格式为地址 O 后面加入四位数字或字母 O××××，本系统可通过调用文件名来调用程序，以进行编辑或加工。

4．程序的一般结构

为操作机床而给 CNC 发出的一组指令，称为程序。发出指令后，使刀具沿直线或圆弧移动，或使主轴电机开始或停止转动。一个零件程序是按照程序段的输入顺序执行的，整个程序由多个程序段组成，识别各个程序段的号码称为程序段号，为了便于区分和查找程序段，通常升序书写程序段号。通常在程序的开头是程序号，在程序的结尾录入 M30，表示程序结束并返回到零件程序头，如图 5-31 所示。

每个程序的格式不可能完全相同。但是，一个完整的程序必须具备准备程序段和结束程序段。

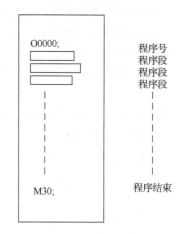

图 5-31　程序的组成

1）准备程序段

准备程序段一般必须具备以下几个指令：

（1）程序号（O0000～O9999）；

（2）编程零点的确定，即零点偏置尺寸（G54 X_Y_Z_）；

（3）刀具数据（如 T02、T03 等）；

（4）刀具快速定位的位置尺寸（如 G00 X_Y_Z_）；

（5）主轴转速（如 S900、S460 等）；

（6）主轴旋转方向（M03、M04）。

2）结束程序段

结束程序段一般具备以下几个指令：

（1）刀具快速退回远离工件处（如 G00 X_Y_Z_）；

（2）主轴停止（M05）；

（3）取消刀具数据补偿（G40）；

（4）程序结束并返回到零件程序头（M30）。

5．主轴功能、进给功能和刀具功能

1）主轴功能 S

【格式】

　　S_（数字）；　　　如 M03 S800;

【说明】

主轴功能由地址码 S 和其后的若干数字组成，控制加工中心的主轴转速，其后的数值表示主轴转速值，单位为转/分钟（r/min）。例如，"S800"表示主轴转速为 800r/min。

除主轴转速外，我们把切削工件时刀具相对工件的速度称为切削速度，单位为 m/min，CNC 可以用主轴转速来指令切削速度，二者之间的关系为 $n = 1000v/(\pi d)$，其中，d 为刀具直径，单位为 mm。例如，刀具直径为 100mm，切削速度为 80m/min 时，主轴转速约为 255r/min，则指令编写为 S255。

2）进给功能 F

【格式】

　　F_（数字）；　　　如 G01 X50 Y100　F100;

【说明】

为了切削工件，用指定的速度使刀具运动称为进给，进给功能 F 则表示刀具中心运动时的进给量，由地址码 F 和后面若干数字构成，数字的单位取决于每个系统所采用的进给速度的指定方法。

(1)进给率的单位是直线进给率 G94(每分钟进给量 mm/min)，还是旋转进给率 G95(每转进给量 mm/r)，取决于每个系统所采用的进给速度的指定方法。

(2)当编写程序时，第一次遇到直线(G01)或圆弧(G02/G03)插补指令时，必须编写进给率 F，如果没有编写 F 功能，则 CNC 采用 F0。当工作在快速定位(G00)方式时，机床将以通过机床轴参数设定的快速进给率移动，与编写的 F 指令无关。

(3)F 功能为模态指令，实际进给率可以通过机床附加面板上的进给倍率调节旋钮，在 0%～150% 内控制。

下式给出了每分钟进给量与每转进给量的关系：

$$F_{\mathrm{m}} = F_{\mathrm{r}} \times S$$

式中，F_{m} 为每分钟进给量(mm/min)；F_{r} 为每转进给量(mm/r)；S 为主轴转速(r/min)。

3)刀具功能 T

【格式】

    T＿ ＿ (数字)；   如 T02

【说明】

刀具功能主要用于选刀，其后的 2 位数字表示选择的刀具号。刀库中的每把刀具都被赋予了一个编号，加工时根据需要，可通过程序指定的编号，选择相应的刀具。例如，加工中所用的刀具在刀库中对应的编号为 01 号，通过 M06 T01 指令即可在加工时自动调用 01 号刀具。当一个程序段中同时含有刀具移动指令和 T 代码指令时，先执行 T 代码指令，然后执行刀具移动指令。

6. 辅助功能 M 代码

辅助功能也叫 M 功能或 M 代码，是由符号 M 和其后两位数字组成的，是主要用于控制机床或系统各类辅助功能开关动作的一种命令。

M 功能分为模态 M 功能和非模态 M 功能两种形式。M 代码在一个程序段中只允许一个有效，位置移动指令和 M 代码指令在同一个程序段中时，两者同时开始执行。

常用 M 代码及其功能如附表 6 所示。

1)程序暂停

【格式】

    M00

【说明】

M00 为程序暂停指令，是非模态 M 功能。当系统执行 M00 指令时，可使正在运行的程序在本段停止，同时保存现场的模态信息，以便于操作者进行某一手动操作，如换刀、手动变速和测量工件尺寸等。暂停后，机床的主轴转动、进给、切削液都将停止，按动机床附加面板上的"循环启动"按钮重新启动机床后，可继续执行后续程序。

2) 程序选停

【格式】

M01

【说明】

M01 为程序选择性暂停指令，其执行过程与 M00 指令相同，不同的是，只有配备选择停止功能的机床才能执行该指令。按下机床控制面板上的"选择停止"键时，M01 指令才有效，否则机床继续执行后面的程序段；按"循环启动"按钮，继续执行后续程序。该指令常用于加工中关键尺寸的抽样检查或临时停车。

3) 程序结束

【格式】

M02

【说明】

M02 为非模态 M 功能，一般置于主程序的最后一个程序段中，当系统执行 M02 指令时，机床的主轴转动、进给和冷却液将全部停止，加工过程结束。若要再次执行此程序，需要重新调用该程序，然后再按机床附加面板上的"循环启动"按钮。

4) 程序结束并返回到零件程序头

【格式】

M30

【说明】

M30 指令必须编写在最后一个程序段中，和 M02 的功能基本相同，不同的是，该指令使程序段执行光标返回到程序开头位置，以便继续执行同一程序，为加工下一个工件做好准备。使用 M30 的程序结束后，若要重新执行该程序，只需再次按机床附加面板上的"循环启动"按钮。

5) 子程序调用和从子程序返回

【格式】

（1）子程序格式：

O****（程序号）
……（各程序段）
M99;

（2）调用子程序格式：

M98　P_ L_;

P 是被调用的子程序号；L 是重复调用次数。

【说明】

M98 用来调用子程序。

M99 用于子程序结束，使控制返回到主程序。

编写加工程序时，如果要在工件的不同地方加工同样的图形，则往往先把这部分图形的程序单独编写出来，这部分程序称为子程序。相对于子程序来说，程序的本体则称为主程序。

在子程序前规定子程序号，作为调用入口地址。执行主程序时，如果调用子程序的指令，则执行子程序。子程序执行完毕后，在子程序结尾执行 M99 指令，该子程序将自动返回主程序，继续执行主程序指令，如图 5-32 所示。

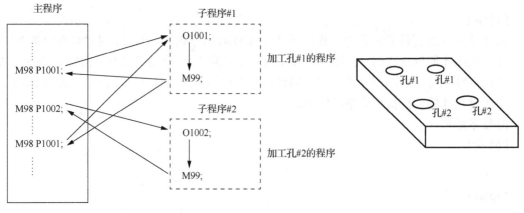

图 5-32　主程序与子程序

6) 主轴控制指令

【格式】

M03　M04　M05

【说明】

执行 M03 指令，主轴正转，启动主轴以程序中编制的主轴速度顺时针方向(从 Z 轴正向朝 Z 轴负向看)旋转，与同段程序其他指令同时执行。

执行 M04 指令，主轴反转，启动主轴以程序中编制的主轴速度逆时针方向旋转，与同段程序其他指令同时执行。

执行 M05 指令，主轴停止旋转，在同程序段中的其他指令执行完毕后才执行主轴停止指令。

M03、M04 和 M05 均为模态 M 功能，其中 M05 为缺省功能，且三者可相互注销。

7) 冷却液开/关指令

【格式】

M08　M09

【说明】

M08 为冷却液开指令，执行 M08 指令可将冷却液管道打开。

M09 为冷却液关指令，执行 M09 指令可将冷却液管道关闭。

M08 和 M09 均为模态 M 功能，其中 M09 为缺省功能，且 M08 和 M09 可相互注销。

8) 吹气开/关指令

【格式】

M26　M27

【说明】

M26 为吹气开指令，执行 M26 指令可将吹气管道打开。

M27 为吹气关指令，执行 M27 指令可将吹气管道关闭。

M26 和 M27 均为模态 M 功能，其中 M27 为缺省功能，且 M26 和 M27 可相互注销。

9）润滑液开/关指令

【格式】

```
M32    M33
```

【说明】

M32 为润滑液开指令，执行 M32 指令可将润滑液管道打开。

M33 为润滑液关指令，执行 M33 指令可将润滑液管道关闭。

M32 和 M33 均为模态 M 功能，其中 M33 为缺省功能，且 M32 和 M33 可相互注销。

10）换刀指令

【格式】

```
M06
```

【说明】

数控加工中心的自动换刀功能是通过自动换刀机构和系统相关控制指令来完成的，选刀和换刀通常分开进行，多数加工中心规定换刀位置为机床 Z 轴参考点，要求在换刀前将主轴自动返回 Z 轴参考点位置。PLC 在接到 T 指令（刀具功能）后立即自动选刀，并使选中的刀具处于换刀位置。在接到 M06 指令后，自动换刀机构动作，一方面将主轴上的刀具取下送回刀库，另一方面将换刀位置的刀具取出装到主轴上，实现换刀。

7. 准备功能 G 代码

准备功能又称为 G 功能，该类指令是由符号 G 和其后一或两位数字组成的，主要用于完成刀具轨迹的控制、规定加工前数控系统的准备内容和加工方式等，通常包括轴移动、平面选择、坐标设定、刀具补偿、固定循环和进制转换等指令。

根据功能的不同，可以将 G 功能分为不同的组别，如附表 7 所示，其中，00 组的 G 功能称为非模态 G 功能，执行该组代码指令，只在所规定的当前程序段中有效，程序段结束时相应 G 功能失效；其余组的 G 功能称为模态 G 功能，是同组可相互注销的 G 功能，这些代码指令一旦被执行，在所规定的程序段和其后的程序段中将一直有效，直到被同组的其他 G 功能注销。模态 G 功能组中还包含一个缺省的 G 功能，上电时，系统将默认该功能。

没有共同地址符的不同组 G 代码可以放在同一程序段中，而且没有顺序要求，例如，G90 和 G01 可以放在同一个程序段中。

1）尺寸单位的选择

【格式】

```
G20    G21
```

【说明】

G20 代码表示英制输入制式。

G21 代码表示公制输入制式。

系统程序中的数值单位可以用 G20/G21 代码指定，代码必须编写在程序的开头位置，在设定坐标系之前以单独程序段指定，G20 和 G21 为模态功能，可以相互注销，G21 为缺省值，即程序中若不指定数值单位，则系统默认单位为毫米输入。

2）进给速度单位的设定

【格式】

```
G94  F_ ;
G95  F_ ;
```

【说明】

G94 代码表示每分钟刀具的进给量，mm/min 或 in/min。

G95 代码表示主轴每转刀具的进给量，mm/r 或 in/r。

G94 和 G95 均为模态功能，可以相互注销，G94 为缺省值，如果程序中不给出 G94/G95 指令，上电后，机床默认的进给速度单位是"mm/min"。

3）绝对值编程与增量值编程

【格式】

```
G90  G91
```

【说明】

若表示刀具位置的坐标值由程序原点确定，称为绝对坐标；若表示刀具位置的坐标值是一个程序段中刀具相对于前段程序段终点的移动距离，与程序原点没有关系，这样的工件坐标称为增量坐标。由此可见，数控程序中刀具运动的坐标值可采用两种方式给定，即绝对值编程和增量值编程。G90 代码表示绝对值编程，G90 指令后面的 X、Y、Z 值分别表示 X 轴、Y 轴和 Z 轴的坐标值；G91 代码表示增量值编程，U、V、W 或 G91 指令后面的 X、Y、Z 值表示以前段程序段终点为原点的 X 轴、Y 轴和 Z 轴的坐标值（增量值）；G90、G91 为模态功能，可相互注销，G90 为缺省值。

例 5.1： 分别采用绝对值编程和增量值编程，编写刀具由 A 点开始，快速定位，走刀至 B 点再到 C 点的程序，如图 5-33 所示。

绝对值编程：

```
G90 G00 X40 Y45;        刀具由 A 点到 B 点
G00 X60 Y25;            刀具由 B 点到 C 点
```

增量值编程：

```
G91 G00 X20 Y30;        刀具由 A 点到 B 点
G00 X20 Y-20;           刀具由 B 点到 C 点
```

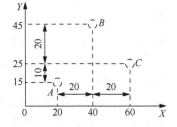

图 5-33　绝对坐标和增量坐标

4）坐标系的选择

【格式】

```
G54-G59
```

【说明】

与数控车床系统相类似，系统中设有程序原点（工件坐标系原点）相对于机床坐标系原点的偏置存储地址 G54～G59，如图 5-34 所示，一般通过 MDI 键盘在各偏置存储地址指令下方输入工件坐标系原点在机床坐标系中的坐标值（即程序原点相对于机床坐标系的零点偏置数据），来建立工件坐标系。工件坐标系一经设定，只要不对其进行修改、删除等操作，将永久有效，即使机床断电，系统也能够保留其偏置值。

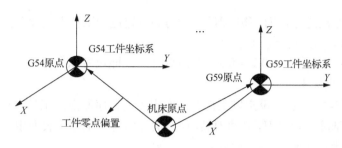

图 5-34　G54~G59 工件坐标系的选择

通过输入、修改零点偏置数据建立的工件坐标系，可以用 G 代码指令 G54~G59 进行选择，它们属同组的模态指令，指令格式如下：

G54 X_ Y_ Z_;

执行指令可以将刀具移动到工件坐标系 G54 的(X_ Y_ Z_)点上。当选择其他工件坐标系时，只需将格式中的 G54 换成 G54~G59 的其中一个即可。本指令只能在机床上完成"回参考点"动作，机床坐标系已经建立，并输入零点偏置值后才能使用。工件坐标系设定后，后续程序段中绝对值编程的指令值均是相对此工件坐标系原点的值。G54~G59 均为模态功能，可以相互注销，其中 G54 为缺省值。

5)坐标系的设定

【格式】

G92　X_ Y_ Z_;

【说明】

在加工程序中，可以通过 G92 指令设定工件坐标系原点，该指令的执行需要用单独的程序段，程序段中的 X、Y、Z 值指定刀具当前位置(基准点)在所设定的工件坐标系中的新坐标值。该指令可以建立一个新的工件坐标系，执行此指令，机床并不产生运动，仅改变显示器中刀具位置的工件坐标系坐标值，从而建立工件坐标系。G92 指令是一条非模态指令，但由该指令建立的工件坐标系却是模态的，用 G92 建立的坐标系在重新启动机床后失效。如果多次使用 G92 指令，则每次使用 G92 指令给出的偏移量将会叠加。对于每一个预置的工件坐标系(G54~G59)，这个叠加的偏移量都是有效的。在执行 G92 指令前，一般通过对刀操作使刀位点处于加工起始点，也称对刀点。

例 5.2：如图 5-35 所示，设定以工件上表面角点为程序原点的工件坐标系。

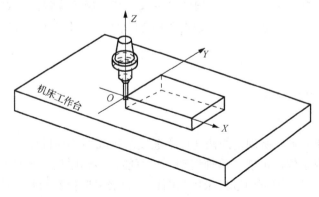

图 5-35　设定工件坐标系原点(1)

(1) 以刀尖为基准进行对刀，移动刀具，使刀尖点定位于工件上表面角点（图中所示位置）。

(2) 运行程序段 G92 X0 Y0 Z0；

设定刀具当前位置为 $X=0, Y=0, Z=0$ 的坐标系，即设定以图中所示工件上表面角点 O 为程序原点的工件坐标系。

例 5.3：如图 5-36 所示，设定以工件上表面中点为程序原点的工件坐标系。

(1) 以刀尖为基准进行对刀，移动刀具，使刀尖点定位于工件上表面中点（图中所示位置）。

(2) 运行程序段 G92 X-40 Y-25 Z0；

设定刀具当前位置为 $X=-40, Y=-25, Z=0$ 的坐标系，即设定以图中所示工件上表面中点 O 为程序原点的工件坐标系。

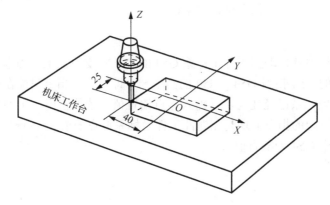

图 5-36 设定工件坐标系原点(2)

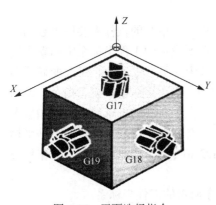

图 5-37 平面选择指令

6) 平面选择

【格式】

```
G17  G18  G19;
```

【说明】

G17、G18、G19 为平面选择指令，用来选择刀具圆弧插补运动所在平面或刀具半径补偿所在平面。右手笛卡儿直角坐标系中 X、Y、Z 三个互相垂直的坐标轴构成了三个平面，如图 5-37 所示。其中指令 G17 选择 XY 平面，G18 选择 XZ 平面，G19 选择 YZ 平面。这三个指令属同一组的模态码，开机后系统默认为 G17 状态，所以开机后如果选择 XY 平面，可以省略 G17 指令。

7) 快速定位

【格式】

```
G00 X(U)_ Y(V)_ Z(W)_;
```

【说明】

G00 功能可以使刀具以所规定的快速进给速度沿直线移动到目标点。执行 G00 指令后，刀具在最短的时间内定位，可能是单轴运动，也可能是多轴联动，各轴的定位速度不超过各自的快速移动速度，且各轴可通过机床控制面板上的倍率选择键调整快速定位速度，倍率值为 0、25%、50%和 100%，而与程序中 F 指定的进给速度无关。

在 G00 程序段中，X_Y_Z_为目标点坐标，可用绝对值编程，也可用增量值编程，以绝对值编程时，X_Y_Z_表示刀具终点的坐标值；以增量值编程时，U、V、W(G91 指令后的 X、Y、Z)表示刀具在相应坐标轴上移动的距离。

在执行 G00 指令时要避免斜插，即在 X、Y、Z 轴同时定位时，为了避免刀具运动时与夹具或工件发生碰撞，应尽量避免 Z 轴与其他轴同时运动(即斜插)。通常在抬刀时，先运动 Z 轴，再运动 X、Y 轴；下刀时，运动相反。

G00 为模态功能，在同组指令 G01、G02 和 G03 出现前将一直有效。

例 5.4：如图 5-38 所示，编程零点为 O，要求立铣刀快速移动至目标点 A 上方 5mm 处的位置，分别用绝对值和增量值编程。

绝对值编程：

```
G90 G00 X30 Y25 Z5;
```

增量值编程：

```
G91 G00 X30 Y25 Z-45;
```

8) 直线插补

【格式】

```
G01 X(U)_ Y(V)_ Z(W)_ F_;
```

【说明】

G01 指令一般用于切削加工，指令中的两个(或三

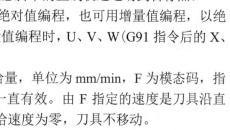

图 5-38　G00 快速定位

个)坐标轴以联动的方式，按 F 指定的进给速度，沿任意斜率的直线轨迹运动到目标点。

在 G01 程序段中，X_Y_Z_为目标点坐标，可用绝对值编程，也可用增量值编程，以绝对值编程时，X_Y_Z_表示刀具终点的坐标值；以增量值编程时，U、V、W(G91 指令后的 X、Y、Z)表示刀具在相应坐标轴上移动的距离。

F 指定刀具直线运动轨迹上的进给速度，也称进给量，单位为 mm/min，F 为模态码，指定后不需要对每个程序段都重复指定，在指定新值前一直有效。由 F 指定的速度是刀具沿直线移动的合成速度，如果不指定 F 值，系统将默认进给速度为零，刀具不移动。

直线插补与快速定位运动十分相近，快速定位运动是刀具从工作区域中的一个位置移动到另一个位置，但并不做切削加工；直线插补则用于实际材料的切削加工，如轮廓加工、型腔加工、平面铣削以及许多其他的切削运动。

G01 为模态功能，在同组指令 G00、G02 和 G03 出现前将一直有效。

例 5.5：如图 5-39 所示，直线切削，刀具从起点 O 快速定位于 A 点，然后沿 AB 切削至 B 点。

绝对值编程：

```
G90 G54 G00 X20 Y20 M03 S800;  从 O 点快速定位于 A 点
G01 X100 Y50 F150;             沿 AB 直线切削至 B 点
```

增量值编程：

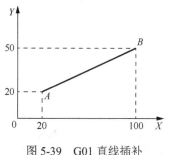

图 5-39　G01 直线插补

```
G91 G54 G00 X20 Y20 M03 S800;  从 O 点快速定位于 A 点
G01 X80 Y30 F150;              沿 AB 直线切削至 B 点
```

9）圆弧插补

【格式】

在 *XY* 平面上的圆弧：G17 [G02/G03] X_ Y_ [I_J_/R_] F_;

在 *XZ* 平面上的圆弧：G18 [G02/G03] X_ Z_ [I_K_/R_] F_;

在 *YZ* 平面上的圆弧：G19 [G02/G03] Y_ Z_ [J_K_/R_] F_;

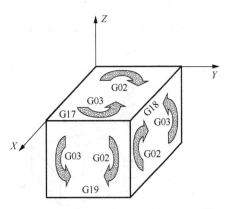

图 5-40　圆弧插补的顺、逆方向的判别

【说明】

刀具切削圆弧表面，用圆弧插补指令 G02、G03，其中，G02 为顺时针方向运动圆弧插补，G03 为逆时针方向运动圆弧插补。圆弧插补的顺、逆方向的判别方法是：在直角坐标系中，沿着与指定坐标平面垂直的坐标轴，由正方向向负方向看，刀具沿顺时针方向进给运动为 G02，沿逆时针方向进给运动为 G03，如图 5-40 所示。

圆弧插补程序段中，圆弧插补只能在指定平面内进行，G17、G18 和 G19 为平面选择指令，用来确定加工圆弧所在的平面，其中 G17 为缺省值，如果程序段中不写 G17 指令，则默认选择 *XY* 平面。

程序段中 X、Y、Z 指定圆弧终点，用绝对值编程时，X、Y、Z 是终点绝对坐标值；用增量值编程时，X、Y、Z 是圆弧起点到圆弧终点的距离。

圆弧插补可以使用地址 R 指定圆弧半径，也可以使用地址 I、J、K 指定圆心相对圆弧起点的位置。

例如，在 *XY* 平面插补圆弧：

```
G02 X_ Y_ I_ J_ F_;        使用 I、J 定义圆心
G02 X_ Y_ R_ F;            使用 R 定义圆心
```

（1）使用地址 R 的圆弧插补程序段。

如图 5-42 所示，采用带有地址 R 的指令加工圆弧 *AB*。R 表示圆弧半径值，在 A 和 B 两点之间，圆弧起点、终点、半径值和加工方向相同的圆弧可以加工两个，一个是圆心角小于 180° 的圆弧①，另一个是圆心角大于 180° 的圆弧②，为区分这种情况，程序格式规定，当从圆弧起点到终点所移动的角度小于 180° 时，R 为正值；圆弧角度超过 180° 时，R 为负值；当圆弧角度正好等于 180° 时，R 取正、负值均可。

例 5.6：如图 5-41 所示，写出圆弧 *AB* 的程序段：

```
G91 G02 X60 Y20 R50 F200;   圆弧①，圆心角小于180°（R 为正值）
G91 G02 X60 Y20 R-50 F200;  圆弧②，圆心角大于180°（R 为负值）
```

（2）使用地址 I、J、K 的圆弧插补程序段。

终点半径方式不能加工整圆，若插补整圆轨迹，只能使用 I、J、K 地址。I、J、K 表示圆弧圆心的位置，是圆心相对于圆弧起点分别在 *X*、*Y*、*Z* 轴方向上的增量值，若圆心在圆弧起点的正向，I、J、K 为正值；若圆心在圆弧起点的负向，I、J、K 为负值，如图 5-42 所示（I、

J 为负值）。无论使用绝对值编程还是增量值编程，程序段中的 I、J、K 总是圆心相对于圆弧起点的增量值，而与程序段中使用 G90 指令还是 G91 指令无关。当程序段中 I、J、K 的值均为零时，可以省略。

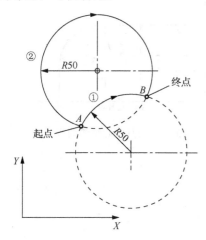

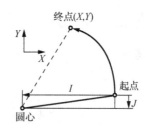

图 5-41 R 取正、负值的规定　　图 5-42 圆弧插补程序段中的 I、J、K 值（以 XY 平面为例）

例 5.7：如图 5-43 所示，程序原点在 O 点位置，圆弧起点坐标为（40,20），圆弧终点坐标为（20,40），写出刀具圆弧轨迹的程序。

绝对值编程：

```
G54 G90 G17 G03 X20 Y40 I-30 J-10 F100;
```

增量值编程：

```
G91 G17 G03 X-20 Y20 I-30 J-10 F100;
```

例 5.8：如图 5-44 所示，刀具位于图中 A 点，分别用绝对值方式和增量值方式编写图中 A 点到 C 点的运动轨迹程序。

绝对值方式，使用地址 R 编程：

```
G92 X200 Y40 Z0;              刀具位于 A 点，设定程序原点 O
G90 G03 X140 Y100 R60 F300;   切削圆弧 AB（逆圆插补）
G02 X120 Y60 R50;             切削圆弧 BC（顺圆插补）
```

绝对值方式，使用地址 I、J、K 编程：

```
G92 X200 Y40 Z0;              刀具位于 A 点，设定程序原点 O
G90 G03 X140 Y100 I-60 F300;  切削圆弧 AB（逆圆插补）
G02 X120 Y60 I-50;            切削圆弧 BC（顺圆插补）
```

增量值方式，使用地址 R 编程：

```
G91 G03 X-60 Y60 R60 F300;    刀具始于 A 点，逆圆切削圆弧 AB
G02 X-20 Y-40 R50;            顺圆切削圆弧 BC
```

增量值方式，使用地址 I、J、K 编程：

```
G91 G03 X-60 Y60 I-60 F300;   刀具始于 A 点，逆圆切削圆弧 AB
G02 X-20 Y-40 I-50;           顺圆切削圆弧 BC
```

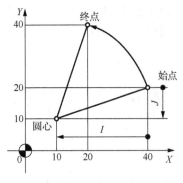

图 5-43　圆弧编程

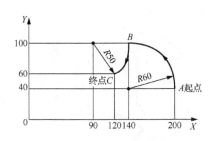

图 5-44　刀具中心轨迹编程

10）返回参考点

【格式】

　　G28 IP_;

【说明】

返回参考点指刀具经过中间点沿着指定轴自动地移动到参考点，程序段中，G28 为返回参考点指令，IP 为坐标尺寸字，返回过程中必须经过的中间点位置坐标即图 5-45 所示的 B 点位置。

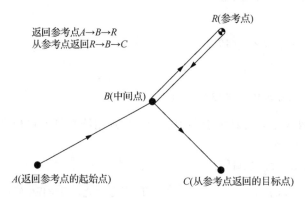

图 5-45　返回参考点 G28 和从参考点返回 G29 的路径

G28 指令表示各轴以快速移动速度经过中间点定位到参考点，在执行该指令前，应先清除刀具半径补偿和刀具长度补偿。中间点的坐标可以用绝对值指令或增量值指令，并被存储在数控系统中，每次只存储 G28 程序段中指令轴的坐标值，对其他轴用之前指令过的坐标值：

　　N1 G28 X20;　　　　经过中间点 X20，返回参考点
　　N2 G28 Y40;　　　　经过中间点(X20,Y40)，返回参考点

执行程序段 N1 后，中间点 X20 存储在 CNC 中，执行程序段 N2 时，X 轴保存的 X20 值与指令中给定的 Y40 值合为程序段 N2 的中间点坐标(X20,Y40)。

11）从参考点返回

【格式】

　　G29 IP_;

【说明】

从参考点返回是刀具从参考点经过中间点(G28 程序段指定的中间点)沿着指定轴移动到指定的目标点位置。程序段中的 IP 为坐标尺寸字,指定从参考点返回到的目标点位置,如图 5-45 所示的 C 点位置,其坐标可以用绝对值指令或增量值指令,对于增量值编程,G29 目标点的指令值是刀具离开中间点的增量值。

在一般情况下,在 G28 指令后,立即指定从参考点返回指令。当由 G28 指令刀具经中间点到达参考点之后工件坐标系改变时,中间点变为新的坐标系坐标值,若此时指令了 G29,则刀具经新坐标系的中间点移动到指令位置。

12)返回参考点检查

【格式】

```
G27 IP_;
```

【说明】

G27 用于检查刀具是否已经正确地到达程序中指定的参考点。程序段中的 IP 表示坐标尺寸字,指定参考点的位置,该指令可以是绝对值指令或增量值指令。执行 G27 指令后,如果刀具正确地沿着指定轴返回至参考点,则返回参考点指示灯亮,否则显示报警。

当在刀具偏置方式下执行 G27 指令时,刀具到达的位置是加入偏置数值后所得的位置,如果加入偏置数值后所得位置不是参考点位置,则返回参考点指示灯不亮,而显示报警,因此,在指令 G27 之前应清除刀具偏置。

13)刀具长度补偿

【格式】

```
G43 Z_ Hxx;
G44 Z_ Hxx;
G49;
```

【说明】

刀具长度补偿指令可使刀具沿 Z 轴方向偏移一段距离,相当于将刀具伸长或缩短,偏移的距离等于 H 指令补偿号中存储的补偿值。在程序段中,Hxx 是刀具偏置号,用于存储刀具长度补偿值,其中 xx 为两位或三位数字,该数字不是补偿值,而是调用的补偿号,其范围为00~256,补偿值为该补偿号所对应的寄存器中的数值。例如,H02 表示调用 02 号刀具长度偏置寄存器中的偏移量。

G43 指令是刀具长度正向补偿,是刀具沿 Z 轴正方向进行偏置的过程,当执行 G43 指令时,将 Z 坐标尺寸字与 H 代码中存储的长度补偿值相加,即 Z 轴实际到达位置为指令值与补偿值相加的位置。

Z 轴实际位置=程序 Z 指令字给定值+补偿值

例如,G90 G43 G00 Z12 H01;(H01 代码存储的长度补偿值为 10mm)

Z 轴实际到达位置点为 12+10=22(mm),如图 5-46 所示。

G44 指令是刀具长度负向补偿,是刀具沿 Z 轴负方向进行偏置的过程,当执行 G44 指令时,将 Z 坐标尺寸字与 H 代码中存储的长度补偿值相减,即 Z 轴实际到达位置为指令值减去补偿值的位置。

Z 轴实际位置=程序 Z 指令字给定值-补偿值

例如，`G90 G44 G00 Z12 H01;`（H01 代码存储的长度补偿值为 10mm）

Z 轴实际到达位置点为 12-10=2(mm)，如图 5-47 所示。

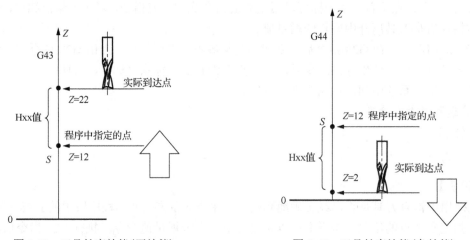

图 5-46 刀具长度补偿（正补偿）　　　　图 5-47 刀具长度补偿（负补偿）

G43 和 G44 是模态指令，H 指定的补偿号也是模态的，程序执行长度补偿指令后将一直有效，直到被同组 G 代码指令取代。

由于刀具补偿指令是模态的，当加工过程不需要长度补偿时，需用取消长度补偿指令 G49 取消已建立的补偿，系统执行 G49 指令后，将立即取消刀具长度补偿，并使 Z 轴运动至不加（减）补偿值的指令位置。G49 为默认指令，机床开机后，系统自动进入刀具长度补偿取消状态。

系统规定地址 H00 的刀具长度偏置值为 0，不能对 H00 设置非零值，即在建立刀具长度补偿时，补偿号为 H00 也可取消刀具长度补偿值。

14）刀具半径补偿

【格式】

```
G41 (G00/G01)X_ Y_ D_ F_;     （以 G17 平面为例）
G42 (G00/G01)X_ Y_ D_ F_;     （以 G17 平面为例）
G40 (G00/G01)X_ Y_;           （以 G17 平面为例）
```

【说明】

铣削加工时，由于刀具半径的存在，刀具中心轨迹和工件轮廓不重合，如果按刀具中心轨迹编程，走刀路线要在实际轮廓上相差一个半径值，且计算复杂。刀具半径补偿功能就是可以使刀具在相对于编程路径偏移一个刀具半径值的轨迹上运动的功能，使用刀具半径补偿指令，只需根据零件形状编写程序，而不需要考虑刀具半径等因素，系统将自动根据指定的补偿号计算出补偿向量和刀具中心轨迹，完成加工过程。

G41 指令为刀具半径左补偿，即沿刀具进给方向看，刀具中心偏移至编程轨迹的左侧，偏移量为一个刀具半径值。

G42 指令为刀具半径右补偿，即沿刀具进给方向看，刀具中心偏移至编程轨迹的右侧，偏移量为一个刀具半径值。

左补偿和右补偿指定了刀具半径补偿偏移的方向，如图 5-48 所示，刀具半径补偿偏移量则由 D 代码指定。在程序段中，D 是刀具偏置寄存器地址符，又称为刀具偏置号，由地址 D

后两位或三位数字组成，数字表示刀具偏置寄存器代号，如 D01 代表 01 号刀具偏置寄存器。
刀具偏置寄存器保存的轨迹偏移量通常为刀具的半径值，也可以根据工艺要求设定为其他值。

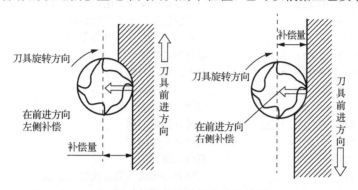

图 5-48　刀具半径左补偿和右补偿

与刀具长度补偿指令相类似，刀具半径补偿 G41 和 G42 也是模态指令，当加工过程中不需要半径补偿时，需用取消刀具半径补偿 G40 指令取消已建立的补偿。G40 为默认指令，即当机床开机后，系统处于刀具半径补偿取消状态，刀具中心轨迹与编程轨迹一致。在程序段中，G40 必须与 G00 或 G01 指令组合完成，执行 G40 指令时圆弧指令 G02 和 G03 无效，并且刀具停止移动。

系统规定地址 D00 的刀具半径偏置值为 0，不能对 D00 设置非零值，即在建立刀具半径补偿时，补偿号为 D00 也可取消刀具半径补偿值。

例 5.9：采用立铣刀，编写如图 5-49 所示零件外形轮廓的走刀程序，工艺要求：立铣刀直径为 ϕ10mm；安全高度为 50mm，工件厚度为 10mm；以半径为 10mm 的 1/4 圆弧轨迹切入工件，沿加工表面切向进刀，直线轨迹退刀，退刀距离为 20mm；图中实线表示工件轮廓，以工件轮廓为编程路线，虚线表示刀具实际轨迹；加工采用刀具半径右补偿方式。

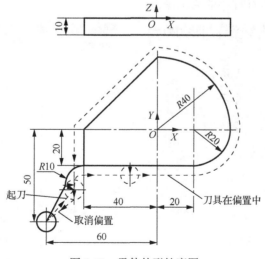

图 5-49　零件外形轮廓图

```
O0010                              程序号，选择第 0010 号程序
N1 G54 G90 G17 G00 X0 Y0;          建立工件坐标系，绝对值编程
N2 Z50 M03 S1000;                  快速移动至安全平面，主轴正转
N3 X-60 Y-50;                      刀具快速移动至工件边界外
N4 Z5 M08;                         快速移动至 R 面，开冷却液
N5 G01 Z-11 F20;                   以切削进给速度下刀
N6 G42 X-50 Y-30 D01 F100;         起刀，建立刀具半径右补偿
N7 G02 X-40 Y-20 I10;              以 1/4 圆弧轨迹切入工件
N8 G01 X20;                        切削直线轮廓
N9 G03 X40 Y0 I0 J20;              逆时针圆弧切削
N10 X0 Y40 I-40;                   逆时针圆弧切削
N11 G01 X-40 Y0;                   直线轮廓切削
N12 Y-35;                          切削直线轮廓并沿直线切出 15mm
N13 G00 G40 X-60 Y-50;             取消刀具半径补偿
N14 G00 Z50;                       抬刀至安全平面
N15 M30;                           程序结束并返回
```

5.6.5　数控加工中心程序录入

1. 程序区

程序区是指系统中程序显示和编辑的窗口，在程序区内，在编辑方式或录入方式（MDI方式）下方可利用 MDI 键盘上的数字键、地址键和功能键对程序进行插入、修改和删除操作。

1）位置界面程序区

按 MDI 键盘上的"位置"键进入位置界面，如图 5-50 所示，界面右下方区域则为程序区，可在该程序区内进行程序的编辑操作。

2）程序界面程序区

按 MDI 键盘上的"程序"键进入程序界面，如图 5-51 所示，界面左侧空白区域则为程序区，可在该程序区内进行程序的编辑操作。

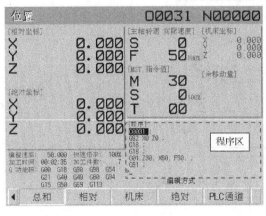
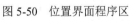
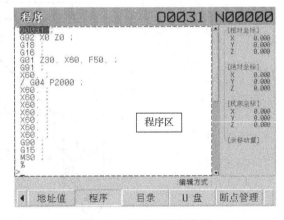

图 5-50　位置界面程序区　　　　　　　　图 5-51　程序界面程序区

2. 新建程序

按地址键 O，并输入程序号，如"O1"后，按"插入"键，系统将创建一个空的程序，如图 5-52 所示，"O0001"表示程序号，"%"表示程序结束符。

1）同时新建多个程序

当操作者一次性输入多个程序号时，如"O1O2O3"，系统将会一次性创建 3 个空程序，即 O0001、O0002 和 O0003。

2）新建程序的同时插入部分程序段

当操作者输入程序号的同时，输入部分程序段时，如"O2;G01X10;"，系统将创建 O0002 号程序，并同时创建多个编辑单元，如图 5-53 所示。

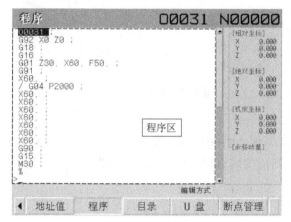

图 5-52　新建程序（1）

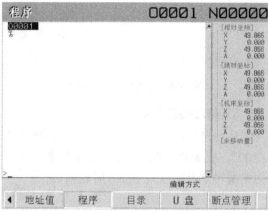

图 5-53　新建程序（2）

应该注意的是，普通程序号的可取范围为 1~9999，系统中程序号具有唯一性，当输入了一个已经存在的程序号时，将会导致创建程序失败并报警。

3. 修改程序号

检索到要修改的程序，将光标移动至该程序的任何位置，输入新的程序号，如"O0003"，按 MDI 键盘上的"修改"键即可修改该程序的程序号。

4. 插入编辑单元

编辑单元是编辑操作的最小单位。对于普通的 G 代码程序来说，一个指令字就是一个编辑单元，编辑单元以地址字母为间隔，插入程序中的编辑单元以空格分隔。

1）插入单个编辑单元

利用 MDI 键盘的地址键和数字键输入一个编辑单元，如"G01"，按"插入"键后，系统将在当前光标位置后插入编辑单元"G01"，并将当前光标移动到刚插入的编辑单元位置，如图 5-54 所示。

2）插入多个编辑单元

利用 MDI 键盘的地址键和数字键输入多个程序字，如"G01X100Y100Z100F2000;"，按"插入"键后，系统将创建"G01"、"X100"、"Y100"、"Z100"、"F2000"及";"6 个编辑单元，插入当前光标位置后面，并将当前光标移动到刚插入的编辑单元中的最后一个编辑单元位置，如图 5-55 所示。

3）创建程序段

当输入的内容中包含 EOB（";"）时，系统会以";"为分隔创建多个程序段。

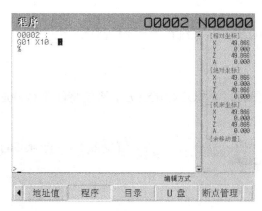

图 5-54　插入单个编辑单元

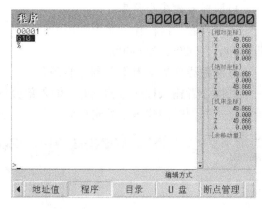

图 5-55　插入多个编辑单元

5. 修改编辑单元

移动光标，将光标定位于要修改的编辑单元，如 "X100"，输入新的编辑单元，如 "Y100 Z100"，按 MDI 键盘上的 "修改" 键，即可将当前的编辑单元修改为单个或多个编辑单元，创建编辑单元的方式与插入时相同。

如果被修改的编辑单元是 ";"，并且修改后的结果不包含 ";"，那么这将导致以 ";" 分隔的两个程序段合并为一个程序段。

当光标位于程序开头的程序号位置或程序结束符 "%" 位置时，不能进行修改操作。

6. 删除编辑单元

移动光标，将光标定位于要删除的编辑单元，按 MDI 键盘上的 "删除" 键，系统将会删除当前编辑单元，并将光标移动至下一个编辑单元位置。

如果被删除的编辑单元是 ";"，那么这将导致以 ";" 分隔的两个程序段合并为一个程序段。

5.6.6　数控加工中心对刀

在机床自动加工之前，必须先确定工件坐标系原点（即程序原点）位置。在这个过程中，可以在手动状态下使用机床控制面板上的轴手动按键或在单步状态下使用手摇脉冲发生器移动主轴。本实训中，通过手摇脉冲发生器控制主轴的进给运动，完成机床对刀过程。

首先，按机床控制面板上的 "录入" 键，指示灯亮，系统处于录入状态，按 MDI 键盘上的 "程序" 键，显示器进入程序界面，单击 "程序" 功能键，录入程序 "M03/M04 Sxxx"，按 "插入" 键后按动 "循环启动" 按钮，主轴将按照设置的参数进行转动；按 "手动" 键进入手动状态，按 MDI 键盘上的 "位置" 键进入位置界面，按机床控制面板上的 "快速" 键后，再分别长按轴手动按键（"-X"、"-Y" 和 "-Z" 键）将工件移动到主轴下方合适位置。

然后，按机床控制面板上的 "单步" 键，指示灯亮，显示器右下方显示 "手轮方式"，系统处于手摇进给操作方式，可手摇进给机床坐标轴，将手摇脉冲发生器的坐标轴选择波段开关置于 "Z" 挡位置，并选择合适的增量倍率，手动旋转手轮，主轴向下移动，使刀具端面低于工件上表面。将手摇脉冲发生器的坐标轴选择波段开关置于 "X" 挡位置并减小增量倍率，转动手轮，使工件侧边沿 X 轴方向缓慢靠近刀具，同时仔细观察刀具和工件位置的距离，直至刀具切削刃与工件侧边发生摩擦甚至轻微切削。按 MDI 键盘上的 "设置" 键，进入设置界面，单击"G54-59"功能键，可进行工件坐标系设定，修正工件坐标参数。界面右侧显示当前工件坐标参数，按"录入"键，系统进入录入状态，可根据加工需要，通过 MDI 键盘在设置界面左下方的"数据输入"框内对右下方的"机床坐标"参数值进行修正，如 X 方向长度为 100mm 的方形工件，其右侧边与刀具切削刃发生摩擦，刀具半径为 6mm，欲将工件中心位置作为 G54 工件坐标系原点，当前"机床坐标"中显示"X-344.073"，在"数据输入"框中输入"X-400.073"后按"输入"键即可将 G54 下的 X 轴参数修正为"X=-400.073"，则 X 轴相对于机床参考点为-400.073 的位置即为工件坐标系的 X 轴原点。用同样的方法进行操作，可对工件坐标系的 Y 轴原点进行设定。

最后，系统返回单步状态下，将手摇脉冲发生器的坐标轴选择波段开关置于"Z"挡位置，并选择合适的增量倍率，手动旋转手轮，主轴向上移动，使刀具端面高于工件上表面。移动工件并反向转动手轮，使主轴缓慢向下移动，直至刀具端面刚好与工件上表面发生摩擦甚至轻微切削，返回录入状态，将"机床坐标"中的 Z 轴参数值输入"数据输入"框内，按"输入"键即完成工件坐标系的 Z 轴原点的设置。

按"回零"键，系统处于回零状态，按轴手动按键的"+Z"键使刀具沿 Z 轴方向返回参考点位置，至此完成了整个机床的对刀过程。

5.6.7　数控加工中心加工实例

(1)按下机床附加面板上的机床开机按钮(绿色)开启机床电源，按机床控制面板上的"回零"键选择回零模式，分别按"+Z"、"+X"和"+Y"键使机床各轴返回参考点位置。

(2)选择合适刀具，一手握紧刀具，另一手按动主轴前端的"手动刀具更换"按钮，装夹所需刀具，或执行"M06Txx"指令进行刀具自动更换。

(3)选取尺寸合适的方形毛坯工件，利用扳手逆时针转动平口虎钳螺杆，移动活动钳口直至钳口铁间能够安置方形毛坯工件，装夹工件后顺时针转动扳手紧固虎钳，固定毛坯工件。

(4)按机床控制面板上的"录入"键，指示灯亮，系统处于录入状态，按 MDI 键盘上的"程序"键，显示器进入程序界面，单击"程序"功能键，录入程序"M03S800"，按"插入"键后按动"循环启动"按钮，主轴转动。

(5)按"手动"键，指示灯亮，系统处于手动状态，按"快速"键后，分别长按"-X"、"-Y"和"-Z"键将工件移动到主轴下方合适位置，并对工件进行对刀，确定工件坐标系原点(具体过程见 5.6.6 节)，依次按"回零"键和"+Z"键，使主轴返回 Z 轴参考点位置。

(6)按"编辑"键，指示灯亮，系统处在编辑状态，依次按"程序"键和"目录"键，在目录中选择加工所需的程序，再按"程序"键，进入该程序界面，可对程序进行修改；或按"录入"键，在录入状态下，通过 MDI 键盘录入加工程序(具体过程见 5.6.5 节)。

(7)按"自动"键，指示灯亮，系统处在自动状态，按"循环启动"按钮，加工中心将依照所设定的程序对工件进行自动加工。

(8)待工件加工过程完成后，主轴停转，测量工件尺寸，取下工件，按下"急停"按钮，按机床附加面板上的机床关机按钮关闭机床开关，清理加工废屑。

5.6.8　实训任务

利用数控加工中心进行编程，并在铝板上加工边长为 150mm 的正五角星，正五角星内角为 36°，外角为 108°。

5.7 注意事项

(1) 了解数控机床的性能，操作前熟悉操作流程，避免错误操作可能带来的人身伤害。

(2) 保持工作台面的清洁，避免工作台面上的杂物引起机床故障甚至事故。

(3) 加工中心运行时，关闭防护门，避免加工不当对操作者身体造成伤害。

(4) 禁止多人同时操作一台设备，避免配合不当造成事故。

(5) 禁止操作者佩戴饰品或着装松散，女生操作设备时请整理头发或戴帽，避免长发卷入设备造成人身伤害。

(6) 严格按教师的要求进行操作，养成按规程操作的好习惯。

(7) 设备工作时，操作人员不得离开实训实验室，待加工结束后，操作人员方可离开实验室。

5.8 思考题

(1) 手动操作加工中心的内容有哪些？

(2) 数控编程时应该注意哪些事项？

(3) 请简述立式加工中心的安全操作注意事项。

第 6 章 精 雕 机

6.1 概 述

众所周知，人类的雕刻文化历史悠久，源远流长，早在石器时代，人类已能利用兽牙、贝壳或砾石块进行雕磨、钻孔，将其制成装饰品，从雕刻造型的意义来讲，其性质已接近于雕刻的艺术制作。雕刻加工是蕴含着人类高智能和高技能的工匠性劳动，当代雕刻制造技术正经历着从手工雕刻向数控雕刻的变革。CNC 雕刻机最近几年在国内有较大的发展，在国外很早就有雕铣机的名词(CNC engraving and milling machine)。严格地讲，雕是铣的一部分，传统的数控机床——CNC 加工中心功率大，加工效率高，机床稳定性较好，但加工钢、铝等软质材料时存在加工表面光洁度低、加工效率不高等缺点。而高速 CNC 加工中心则可以克服以上缺点。

随着数控技术(包括伺服驱动、主轴驱动)的迅速发展，为了适应现代制造业对生产率、加工精度、安全环保等方面越来越高的要求，现代数控机床的机械结构已经从初期对普通机床的改造，逐步发展形成自己独特的结构，特别是随着电主轴、直线电动机等新技术、新产品在数控机床上的推广应用，部分机械结构日趋简化，新的结构、功能部件不断涌现，数控机床的机械结构正在发生重大变化，虚拟轴机床的出现和实用化使传统的机床结构面临着更严峻的挑战。数控机床正朝着高性能、高精度、高速度、高柔性和模块化方向发展。本实训采用的仪器是北京精雕科技有限公司生产的 JDSign60V 型精雕机，设备运动部件为铸铝件，质量轻，适合于高进给速度的加工运动，机床底座为铸铁件，具有结构稳定、减震效果好、加工成品精度高等优点，主要用来加工有机材料和木材等非金属材料；设备配置手轮，操作方便、控制平稳。

本设备配套操作软件为 JDPaint 5.50，它是一款功能强大的专业 CAD/CAM 雕刻软件。JDPaint 是国内使用最早的专业雕刻软件，经过多年发展与完善，功能日趋丰富、强大，特别是 JDPaint 5.50，在操作流程、用户界面、图形编辑、艺术造型、曲面造型、数控雕刻等方面都有了质的提高，不仅突破了曲面浮雕、等量切削等多项关键雕刻设计及加工技术，也充分保证了软件产品的易用性和实用性，极大地增强了精雕 CNC 雕刻机的加工能力和对雕刻领域多样性的适应能力。在应用领域上，JDPaint 已经彻底突破了标牌、广告、建筑模型等较为传统的雕刻应用范畴，在技术门槛更高的工业雕刻领域，如滴塑模、高频模、小五金、眼镜模、紫铜电极等制作行业中同样出色，成为具有专业特色的、功能更为全面丰富的 CAD/CAM 雕刻软件。

CNC 雕刻来源于手工雕刻和传统数控加工，它与二者存在着相同点，同时又存在着一些区别。同任何先进的生产技术一样，CNC 雕刻弥补了手工雕刻和传统数控加工的不足，同时，又最大限度地吸取二者的优点，逐渐形成 CNC 雕刻的特点。

(1) CNC 雕刻的加工对象和工艺特点如下。

CNC 雕刻的加工对象主要为图案、文字、纹理、薄壁件、小型复杂曲面、小型精密零件和非规则的艺术浮雕曲面等，其工艺特点是尺寸小、形态复杂、成品要求精细，因此，CNC

雕刻必须使用小刀具进行材料加工。

(2) CNC 雕刻产品的尺寸精度高，产品一致性好。

CNC 雕刻产品的尺寸精度高，同一产品之间的一致性好，这对于模具雕刻和精度尺寸要求高的批量产品加工来说具有重要的意义。除此之外，控制系统根据加工指令自动控制 CNC 雕刻机的刀具运动，完成雕刻任务，极大地减轻了劳动强度，降低了对传统手工雕刻操作技能的依赖程度。

(3) CNC 雕刻加工是高速铣削加工。

CNC 雕刻属于高速铣削加工，是一种高转速、小进给和快走刀的加工方式，形象地称为"少吃快跑"的加工方式。

6.2　实　训　目　标

(1) 了解精雕机的技术背景、基本结构和工作原理。

(2) 了解精雕机的功能指令和操作方法。

(3) 学会使用 JDPaint 5.50 软件设计图形，完成雕刻制作。

6.3　精雕机结构

精雕 CNC 雕刻机简称精雕机，精雕机主要由制图计算机、主机和制冷系统三大部分组成，如图 6-1 所示。其中，精雕机主机的主要部件组成如下。

图 6-1　精雕机组成结构

1) 精雕机的主轴

主轴是精雕机最重要的部件之一，一类是用 DC 电机经皮带传动主轴，转速可以达到 25000r/min，但是由于使用电刷，寿命大概在 300h，这类电机的特点是力矩大。另一类是使用变频无刷电机，转速可以达到 60000r/min，无须换碳刷，采用变频控制技术，是专业级产品。其中冷却系统起电主轴冷却作用，即控制电主轴的工作温度。

2）精雕机的浮动刀头

浮动刀头是雕刻双色板的利器，我们在雕刻双色板时，往往看似简单但实际上做起来却不容易；一般使用者的想法是要求厂家提供一个高精度的平台，有的厂家干脆在平台上加一块厚的有机玻璃板，用刀先在上面铣出一块平面，但是还是解决不了问题。因为除平台有误差以外，双色板本身也有误差，把双色板贴合在平台上的双面胶也有厚度等，使得雕出来的标牌仍是深浅不一。浮动刀头顾名思义是刀头在雕刻平面上，可在一定的范围内上下浮动；主轴在 Z 轴方向上是可上下滑动的，当使用浮动刀头时，注重调整浮动刀头与刀尖的距离，可以在大面积不平的平面上雕刻，而保持雕刻深度一致。

3）精雕机的传动

一是钢丝驱动，所用的材料是航空钢丝，外包一层工程塑胶，叫 kepton（超高耐磨材料，坦克有线导弹的导线就是包覆的这种材料），刚性高，用此类技术驱动的雕刻机造价便宜、快速，适用于刻双色板的机型。二是钢带驱动，使用厚 0.1mm 的合金材料制作而成，特性和钢丝类似，适用于轻型大幅面机器。

4）精雕机的导轨

线性圆柱导轨大多数用于小幅面精雕机，大幅面精雕机多采用线性方形导轨；导轨的螺纹丝杆就是一般铣床上常用的丝杆，普通丝杆摩擦力大，易磨损，高速运动时容易发生卡死现象。而精密滚珠丝杆就是专业级的产品，是精雕机里最重要也是最贵的零件，精雕机的精度由它决定，由于精雕机是双向驱动的，所以滚珠丝杆需带预压，在正反转时才不会有间隙产生。滚珠丝杆的优点是精度好、阻力小、寿命长。辨别两种丝杆的方式是：普通丝杆一般为黑色，螺纹形状是方形或梯形；滚珠丝杆的螺纹是半圆形，丝杆颜色一般为白色。目前市面上的精雕机大都是使用步进电机驱动。

6.4　精雕机原理

精雕机通过计算机内配置的专用雕刻软件进行设计和排版，并由计算机把设计与排版的信息自动传送至精雕机的控制器中，再由控制器把这些信息转化成能驱动步进电机或伺服电机的带有功率的信号（脉冲串），控制精雕机主机生成 X、Y、Z 三轴的雕刻走刀路径，同时精雕机上的高速旋转雕刻头通过按加工材质配置的刀具，对固定于主机工作台上的加工材料进行切削，即可雕刻出在计算机中设计的各种平面或立体的浮雕图形及文字，实现雕刻自动化作业。

1. 精雕机的工作原理

精雕机属于计算机数控精雕机床，是一种装有程序控制系统的自动化机床，是可以直接通过计算机来控制自动加工的机床，是一种按照指定顺序、指定动作自动加工的机床。常规精雕机的雕刻方式如下：雕刻头与机器台面垂直，通过 X、Y、Z 三轴移动，在板材上实现浮雕、铣底、镂空、切割和刻字等效果，不同的材质（石材、木材、有机玻璃等）选用不同的机型，石材机器与木材机器是有一定区别的。

2. 精雕机的数据传输原理

通过计算机设计或专用扫描仪扫描，生成机器可识别的代码，这些代码指示机器应该如何运行。精雕机控制器接收来自计算机等相关辅助控制设备的电信号，并将其转换成为机器运作的脉冲串，实现自动且有序的产品雕刻加工动作。总体来说，精雕机的工作是由图形输入、数据处理及加工过程自动控制三部分组成的。

（1）图形输入部分：是将准备雕刻的图形通过雕刻软件加工、整理成为计算机可以识别的数字图形文件，以便控制加工机械自动工作。

（2）数据处理部分：就是用计算机把雕刻软件加工、整理出来的数字图形文件进一步处理成为可以控制加工机械动作的电信号。

（3）加工过程自动控制部分：执行计算机指令，完成图形的雕刻加工。在整个加工过程中，操作人员只负责输入加工数据，上、下工件以及监控加工过程，其他工作都是设备自动完成的。

6.5　设　备　参　数

（1）工作台台面尺寸（长×宽）：640mm×540mm。

（2）X、Y、Z 轴工作行程：600mm×500mm×80mm。

（3）主轴规格：$\phi 62$mm。

（4）主轴转速：10000～24000r/min。

（5）驱动系统：步进系统。

（6）系统：JD45B 数控系统。

（7）环境温度：4～40℃。

（8）环境湿度：<60%。

（9）电源：220V±10%，50Hz。

（10）各轴最快移动速度：6m/min。

（11）最高切削进给速度：3.6m/min。

6.6　实　训　内　容

6.6.1　精雕机坐标系

精雕机的坐标系统包括坐标系、坐标原点和运动方向，对于操作者来说，这些都是非常重要的概念。操作者必须准确理解精雕机的坐标系统，否则，操作时可能发生危险。

1. 坐标系

精雕机的坐标系采用右手笛卡儿坐标系，其基本轴为 X、Y、Z 直角坐标，相对于每个坐标轴的圆周进给运动坐标为 A、B、C，如图 6-2 所示。

应该注意的是，在带有转轴的加工模式中，要保证转轴旋转方向正确，否则可能造成加工失误甚至发生危险。如果发现方向错误，需要通过设置转轴"反向"来调整。

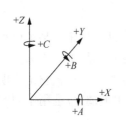

图 6-2　右手笛卡儿直角坐标系

2. 坐标轴及其运动方向

在精雕机的结构中，X、Z 方向均为刀具运动，Y 方向根据不同的机床型号，有的为刀具运动，有的为工件运动。无论刀具运动还是工件运动，坐标运动指的都是刀具相对于静止工件的运动。在精雕机中，X 轴为左右方向，Y 轴为前后方向，Z 轴为上下方向，各轴的正方向如图 6-3 所示。

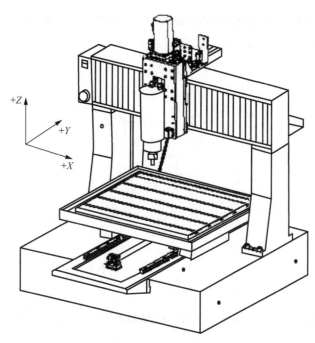

图 6-3　精雕机各轴正方向

3. 坐标原点

1）设备原点

每台精雕机都有一个基准位置，称该位置为设备原点或机床原点，是在机床生产时设置的一个机械位置。精雕机的设备原点设在各个轴负方向的最大位置处。

2）工件原点

操作人员在编制控制程序的过程中，定义在工件上的几何基准点称为工件原点或程序原点。在使用 JDPaint 5.50 软件输出刀具路径时，指定的"输出原点"即为"工件原点"。在进入 En3D7.18 图形管理功能时，显示窗口内绿色矩形框的左下角为当前调入路径的工件原点。

6.6.2　精雕机加工实例

本实训采用尺寸为 300mm（长）×200mm（宽）×3mm（厚）的有机玻璃板材（亚克力板）作为加工材料，选用三刃螺旋切断铣刀和锥度平底铣刀作为加工刀具，以加工 70mm（长）×40mm（宽）×3mm（厚）"吉林师范大学"亚克力板标牌为例进行演示讲解。铣刀如图 6-4 所示。

1. 开机及预热

开启精雕机主机电源和计算机电源，然后进行机器预热，时间为

图 6-4　铣刀实物图

20min。预热是每次新开机使用时必须进行的操作环节，目的是使其电主轴、机器本身及外部环境达到一个理想的加工状态，能够实现精确加工。磨合及预热过程在本书中省略。

2. 制图

(1)在计算机界面中双击"精雕制图软件 JDPaint 5.50"图标打开软件，软件界面如图6-5所示。

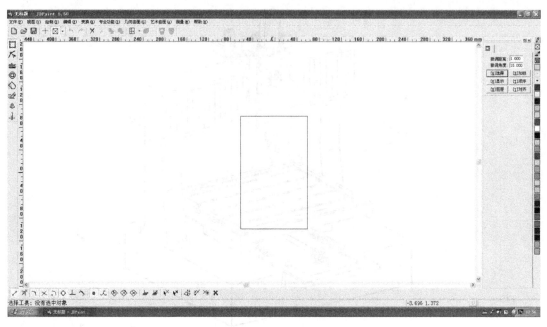

图6-5　软件界面

图6-6　制图操作界面

(2)进入界面，单击菜单栏中的"绘制"选项，在下拉菜单中选择所绘制图形的形状，这里以矩形为例。单击左侧工具栏的"文字编辑"工具，编辑文字"吉林师范大学"字样，并在界面右侧设置"吉林师范大学"的字体、字宽和字高等，并单击"应用于整个字串"按钮，如图6-6所示。

(3)单击菜单栏中的"变换"选项，进行图形或文字的参数调整及设置，包括平移、旋转、镜像、倾斜和放缩等。将设计的图形及文字选中，然后在"变换"菜单栏中选择"并入 3D 环境"选项。

(4)单击左侧工具栏中的"曲面造型"工具，即出现三维坐标界面，该三维坐标系即加工时候的工件加工原点所参考的坐标系。选择矩形和文字进行平移，使矩形左下角顶点与"零点"重合或接近。

(5)选中"吉林师范大学"，单击左侧工具栏中的"刀具路径"工具，再单击右侧快捷键栏的"添加新路径"选项。在"加工面"前的方块中打钩，即表示将文字看作被加工的平面区域，其中绿色即表示被选中的状态，以下操作相同。弹出"设定加工范围"对话框，单击"区域加工组"里的"区域加工"选项，然后单击"下一步"按钮，对话框如图 6-7 所示。

(6)弹出"选择加工刀具"对话框，如图 6-8 所示，单击"[锥度平底]JD-30-0.20"选项，再单击"下一步"按钮。

图 6-7 "设定加工范围"对话框(1)

图 6-8 "选择加工刀具"对话框(1)

(7)弹出"设定切削用量"对话框，如图 6-9 所示，单击"有机玻璃"选项，单击"下一步"按钮。软件中对各种材料均有加工标准的参考数值，对应选择即可。

(8)弹出"刀具路径参数"对话框，如图 6-10 所示，设置各个要求加工的具体参数数值，最后选择"下刀方式"为"沿轮廓下刀"。

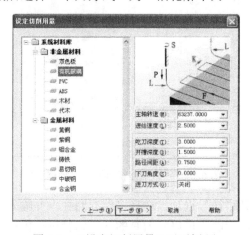

图 6-9 "设定切削用量"对话框(1)

图 6-10 "刀具路径参数"对话框(1)

(9)文字加工设置完成，单击"计算"按钮，即完成文字的加工编辑工作，设置的文字即是被加工的平面区域。再回到界面操作，选中矩形框(不选中文字，被选中后显示绿色)，单击"刀具路径"工具，单击"轮廓线"选项。弹出"设定加工范围"对话框，如图 6-11 所示，单击"轮廓切割"选项，单击"下一步"按钮。

(10)弹出"选择加工刀具"对话框，如图 6-12 所示，单击"[平底]JD-2.00"选项(代替螺纹切断刀，实现切断功能)，单击"下一步"按钮。

 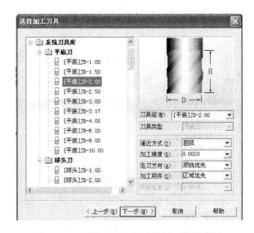

图 6-11   "设定加工范围"对话框(2)   图 6-12   "选择加工刀具"对话框(2)

(11)弹出"设定切削用量"对话框,如图 6-13 所示,单击"有机玻璃"选项,单击"下一步"按钮。

(12)弹出"刀具路径参数"对话框,如图 6-14 所示,单击"轮廓切割"选项,对相关参数,如"深度范围""下刀方式"等进行设置,最后单击下面的"计算"按钮,刀具的行走路径即可以自动计算并生成。

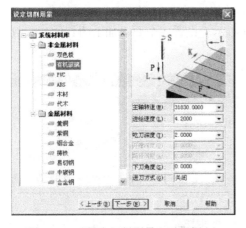 

图 6-13   "设定切削用量"对话框(2)   图 6-14   "刀具路径参数"对话框(2)

(13)单击工具栏"刀具路径"下的"输出刀具路径"选项,选择"保存路径"并输入文件名,单击"保存"按钮。该软件提供了加工模拟功能,可以对刀具的加工路径进行模拟,可以判断是否为有效加工路径。本书加工模拟的操作省略。

(14)在"输出 ENG 文件"对话框中单击"确定"按钮,最后显示输出的路径条数。图 6-15 中文字和外边框轮廓部分表示加工部分。这里要进一步说明的是,对于相同的文字图形,由于选择的加工路径不同,加工后的实物效果也不同,可以做成阴模或者阳模两种不同的加工效果。

图 6-15 制图操作界面

3. 工业计算机的程序控制

（1）在主机工业计算机上双击"En3D7.18"软件图标打开软件，进入图 6-16 所示的操作界面。

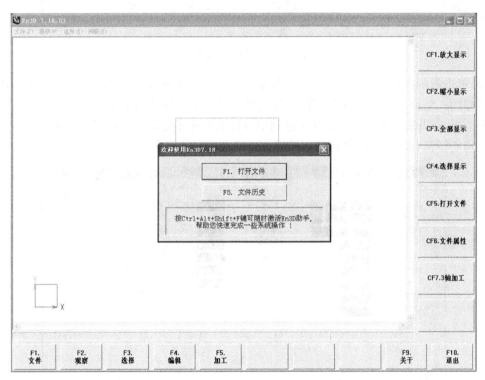

图 6-16 图形操作界面

（2）单击"打开文件"选项，输入要选择加工的文件，打开文件后显示加工的图形，如图 6-17 所示，界面最上方标题栏显示加工的尺寸参数，左下角的 X 轴与 Y 轴交点是加工工件的加工原点。可以看到加工图形和工件原点（也称作对刀点）的位置关系，这个位置在对刀过程中很重要，是一个位置选择的参考值。

图 6-17　显示加工图形界面

(3)单击右侧栏的"CF7.3 轴加工"按钮,进入下一界面后单击"CF1.全部加工"按钮进入加工界面,然后单击"调入"按钮。加工界面的上半部分是加工参数面板,下半部分是加工状态面板,如图 6-18 所示。对加工过程中设置的具体参数均可以进行观察和调整。最下方的各个功能键都有对应的展开按钮,可以实现参数的具体设置。

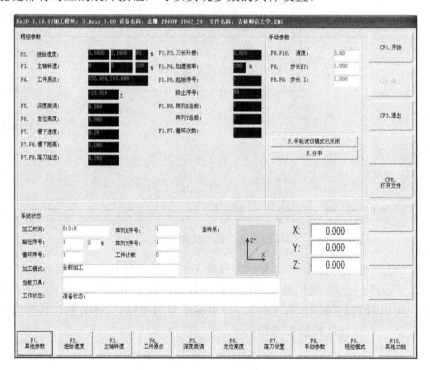

图 6-18　加工界面

(4)打开操作界面后，主机的电主轴会自动运动到机床原点，该三轴联动进行加工的坐标系参考左手定则。

(5)自动加工前，要进行手动对刀，找到工件的加工原点，首先进行主轴转速设置，单击"F3.主轴转速"按钮，在弹出的对话框内输入转速值，对刀时，主轴的转速不宜过高，通常选择 10000r/min 即可。对刀前一定注意该主轴上安装的刀具是第一个加工环节所采用的刀具。

(6)当铣刀接触到被加工材料上表面时，即认为是找到了工件原点，此时，需要在"F4.工件原点"中，对 X、Y 轴和 Z 轴坐标进行设置，即单击"当前 XY"和"当前 Z"按钮，然后单击"确认"按钮。

(7)对刀结束后，进行主轴转速设置，然后准备进入加工环节。其中，手摇轮试切环节务必要进行，可以观察加工状态，以免出现加工误操作或者危险。具体实施如下：在操作界面上单击"P.手轮试切模式已开启"按钮，然后单击"CF1.开始"按钮，进入待加工状态，在手摇轮旋钮指向 X 或者 Y 的状态下，摇动手轮即可按照既定的程序进行加工，不摇动时，主轴仅保持旋转状态，不进行走刀加工。

(8)手摇轮试切环节若没有问题，即可以进入自动加工模式，按图 6-19 所示的控制面板上的"加工暂停"按钮，软件操作界面同时会出现"暂停加工"按钮，单击即可，再关闭手摇轮试切模式，即单击"P.手轮试切模式已关闭"按钮，再单击右上角的"CF.继续"按钮，开始自动加工。

图 6-19　控制面板

(9)当刻字结束后，界面显示"换刀提示"对话框，进入换刀状态，采用大小扳手进行主轴换刀，在换刀过程中，主轴为静止状态，且要保证压帽的压平、压正、压实。

(10)换刀后再进行 Z 轴对刀，Z 工件原点已被改变，主轴转速设为 10000r/min。进行原点设置，只单击"CF5.当前 Z"按钮（"当前 XY"按钮不要单击），再进行手摇轮试切。单击"命令操作"→"开始加工"按钮(机床开始执行程序)。

(11)试切后，按设备控制面板上的"加工暂停"按钮，软件操作界面弹出"暂停加工"按钮，单击"F9.CF9.继续加工"按钮启动自动加工程序，直至完成加工过程。取下工件后，清理加工台面。

(12)待工件加工完成后，退出程序，关闭电源，要注意关闭顺序，即先关弱电开关，后关强电开关。

6.6.3　实训任务

利用精雕机，在亚克力板上进行雕刻，要求工件边界为椭圆形，尺寸不限，中心雕刻深度为 0.5mm，文字内容为"机械加工实训基础"。

6.7　注意事项

(1)使用之前检查电机主轴冷却机中冷却液的储存量,开启电机主轴冷却机,保证冷却液循环正常;开启正压密封,以避免加工废屑、冷却液等进入电机主轴轴承。

(2)装卡材料时一定要牢固,必须遵循"装实、装正、装平"的原则,严禁在材料悬空的地方进行雕刻。

(3)装卡刀具时,须先将卡头里的灰尘及杂物清理干净,把卡头装入压帽内并放正,再一起装到电机主轴上并将刀具插入卡头,最后锁紧压帽,上下刀松紧压帽的时候严禁采用推拉方式而采用旋转方式。在下刀时应先清理压帽和转子上的废屑,松开压帽将刀具拿下,再拧下压帽并拿出卡头。

(4)装卡刀具时刀具露出卡头的长度须参照雕刻深度、工件、夹具而定,在满足条件的情况下,露出卡头的长度应尽量短,当刀具的总长度小于 22 mm 时,严禁继续使用。在装卡刀具时,刀柄伸入卡头内的长度必须大于 18 mm。

(5)在加工时若用切削液,切削液必须冲到刀具上。另外,在雕刻过程中,严禁近距离观察,以防止切屑飞入眼睛,观察时要暂停雕刻,关闭电机主轴并确定电机主轴不再旋转。雕刻过程中,严禁用手摸切削表面,禁止使用棉丝擦拭工件表面。

(6)严禁将任何物品放置在机床台面或横梁上,严禁手扶在横梁和 Y 防护罩等机床床体上;禁止身体倚靠在机床床体上。严禁敲击、撞击电机主轴;卸刀时严禁敲打。

(7)精雕机是一种轻型加工设备,工装夹具、工件与加工废屑重量之和不要超过机床额定承重量。在雕刻前要认真检查所使用刀具的尺寸、性能是否满足加工编程要求。

(8)在加工前要认真检查刀具路径是否正确。还要注意在开始加工前一定要再次确认对刀点(工件原点)是否正确。每天必须让电机主轴休息 2h。

(9)严禁带电拔插电缆、板卡和电器件;加工有机材料等易燃品时,工作现场要有有效的防火措施。最主要的就是禁止在过热或过冷状态下使用机床,当环境温度为 10～30℃时方可使用。

6.8　思　考　题

(1)机床的开启、运行、停止有哪些注意事项?

(2)精雕机能够实现平面及曲面精密机械加工的原理是什么?

(3)非金属材料与金属材料加工的注意事项有哪些?

第 7 章 电火花线切割机

7.1 概   述

电火花线切割属于电加工范畴,是由苏联拉扎林科夫妇研究开关触点受火花放电腐蚀损坏的现象时,发现电火花的瞬时高温可以使局部的金属熔化、氧化而被腐蚀掉,从而开创的电火花加工方法。1960 年,苏联发明了电火花线切割机,我国是第一个将其用于工业生产的国家。

按走丝速度可将电火花线切割机分为高速往复走丝(俗称"快走丝")电火花线切割机、低速单向走丝(俗称"慢走丝")电火花线切割机和立式自旋转电火花线切割机三类。按工作台形式不同,电火花线切割机又可分为单立柱十字工作台型和双立柱型(俗称龙门型)。

20 世纪 70 年代后期,数控系统已过渡到以中、大规模集成电路芯片为主的电路,功能和可靠性有了显著提高。随着单板微型计算机的出现,高速往复走丝线电火花切割机控制器大量使用以 Z-80 为微机处理器的单板机,真正实现了功能强、价格低的目标,数控高速往复走丝电火花线切割机在这一时期得到了迅速普及。到了 20 世纪 90 年代,数控系统以 8051 系列单片机的控制器为主,具有图形缩放、齿隙补偿、短路回退、断丝保护、停电记忆、自动对中、加工结束自动停机等功能。带显示器的编程、控制一体机也已开始使用,只是其所编制的程序不能直接传输到其他控制台上,而且只能控制单台机床。随着计算机的迅速发展和普及,采用台式微型计算机能够控制分别独立工作的几台机床,且各机床的工作状态可通过切换画面分别监视。这样不仅节约了控制系统的成本,又利用了计算机强大的数据存取能力。自动编程系统的功能在不断增强,编程方式也多种多样,有指令输入法、作图法、扫描法、CAD 文档转换法等,还可通过 U 盘、网络等接口进行数据交换,有效避免了手工输入程序误差大和绘图效率低等问题。

目前,快走丝线切割技术的发展已走向明朗化,在保持往复走丝线切割优点的基础上,通过不断的探索和研究,把新的理论、新的方法应用到新的系统中。新一代控制系统将会更稳定、更实用、更简单、更方便。

电火花线切割机是特种加工中的常用设备,其利用线状电极通以高频脉冲电流产生火花放电进行切割,加工时,将电极丝接电源负极,工件接电源正极,可实现直线插补和圆弧插补等功能,切割的材料通常是高强度、高硬度、导电性能良好的精密或复杂工件,如各类模具、电极、淬火钢、硬质合金、铝合金和不锈钢等。电火花线切割机的加工具有以下特点。

(1)利用电蚀原理对工件进行切割加工,电极丝与工件之间无接触,因而作用力小,工件的变形小。

(2)电火花线切割机已实现自动化控制,通过数控系统编制程序即可完成形状复杂工件的加工,且加工周期短。

(3)电火花线切割机直接利用电、热进行加工,电极丝细且不易磨损腐蚀,可通过调节加工参数(如脉冲间隔、脉冲宽度和电流强度)提高加工精度。

(4)电火花线切割机不能加工非导电材料。

本实训是以 NHT7720F 型电火花线切割机为例进行讲解的，图 7-1 为 NHT7720F 型电火花线切割机。NHT7720F 型电火花线切割机的控制系统采用微处理器模块化设计。轨迹控制系统、放电控制系统和机床动作系统分别采用独立的单片机控制，运行数字化程序，可靠性好。本机配置了多功能手操器，使加工、开停机、运丝和水泵开停等主要功能均可通过手操器来完成，操作方便快捷。精密导轮组件采用双轴承结构，采用半封闭式油孔实时润滑方式，有效解决了导轮装配质量带来的运转时周期性卡阻的问题。改进后的新型特制电源采用自适应电路，可以同时满足切割普通金属和超硬材料(金刚石和立方氮化硼等)的需求，在切割普通金属时可以自由调整加工脉冲源参数；在切割超硬材料时固化了加工所需的最佳脉冲源参数，操作者可根据需要设定功放管数量，即可进行可靠、稳定加工。

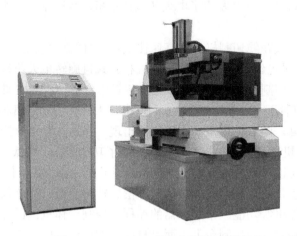

图 7-1　NHT7720F 型电火花线切割机

7.2　实　训　目　标

(1) 掌握 NHT7720F 型电火花线切割机的基本构造、原理和应用。

(2) 掌握 3B 程序代码编程规则和程序录入方法。

(3) 掌握 NHT7720F 型电火花线切割机的操作过程并能利用本机进行工件加工。

7.3　电火花线切割机结构

电火花线切割机由机械、电气和工作液系统三大部分组成。

1. 机械部分

机械部分是基础，其精度直接影响到机床的工作精度，也影响到电气性能的充分发挥。机械系统由机床床身、坐标工作台、运丝机构、线架机构、锥度机构、润滑系统等组成。机床床身通常为箱式结构，是各部件的安装平台，而且与机床精度密切相关。坐标工作台通常由十字拖板、滚动导轨、丝杆运动副、齿轮传动机构等部分组成，主要通过与电极丝之间的相对运动来完成对工件的加工。运丝机构由储丝筒、电动机、齿轮副、传动机构、换向装置和绝缘件等部分组成，电动机和储丝筒连轴转动，带动电极丝按一定线速度移动，并将电极丝整齐地排绕在储丝筒上。线架机构分为单立柱悬臂式和双立柱龙门式。单立柱悬臂式分上下臂，一般下臂是固定的，上臂可升降移动，导轮安装在线架上，用来支撑电极丝。锥度机构可分为摇摆式和十字拖板式，摇摆式依靠上下臂通过杠杆转动来完成加工，一般用在大锥度机上。十字拖板式通过移动使电极丝伸缩来完成加工，一般适用在小锥度机上。润滑系统用来缓解机件磨损、提高机械效率、减轻功率损耗，可起到冷却、缓蚀、吸振、减小噪声的作用。

2．电气部分

电气部分由机床电路、脉冲电源、驱动电源和控制系统等组成。机床电路主要控制运丝电动机和工作液泵的运行，使电极丝对工件能连续切割。脉冲电源提供电极丝与工件之间的火花放电能量，用以切割工件。驱动电源也叫驱动电路，由脉冲分配器、功率放大电路、电源电路、预放电路和其他控制电路组成，是给步进电机供电的专用电源，用来实现对步进电机的控制。控制系统主要控制工作台拖板的运动(轨迹控制)和脉冲电源的放电(加工控制)。

3．工作液系统部分

工作液系统部分一般由工作液箱、工作液泵、进液管、回液管、流量控制阀、过滤网罩或过滤芯等组成，主要作用是集中放电能量、带走放电热量以冷却电极丝和工件、排除电蚀产物等。

7.4　电火花线切割机原理

电火花线切割机利用移动的金属丝作为工具电极，并在金属丝和工件间通以脉冲电流，利用脉冲放电的腐蚀作用对工件进行切割加工。脉冲电源发出连续的高频脉冲电压，并将其加到工件电极(工件)和工具电极(钼丝、铜丝等)上，在电极丝和工件之间加有足够的具有绝缘性的工作液。金属丝向工件切割位置靠近，当钼丝与工件的距离小到一定程度时，在脉冲电压的作用下，金属丝与工件之间的空气或工作液被击穿，形成瞬时电火花放电，产生瞬时高温，温度高达 8000～12000℃，使工件表面局部熔化，甚至汽化，同时，由于工作液的汽化，形成气泡，且其内部压力上升，然后电流中断，温度突然降低，引起气泡内向爆炸，产生的动力把熔化的废料抛出弹坑，加上工作液的冲洗作用，使得金属被蚀除下来，实现切割材料的加工，随着工作台上的工件按照既定切割路径的不断进给，从而实现所需工件轮廓的切割。由于电极丝筒(即储丝筒)带动电极丝交替做正反向高速移动，一般走丝速度可达 9～10m/s，所以钼丝被腐蚀得很慢，使用时间较长。本机主要切割高硬度、高强度、高韧性、高脆性的导电材料。

7.5　设　备　参　数

7.5.1　基本参数

(1)主机外形尺寸(长×宽×高)：1100mm×900mm×1450mm。

(2)工作台尺寸(长×宽)：270mm×420mm。

(3)工作台行程(X轴×Y轴)：170mm×215mm。

(4)最大切割厚度：300mm。

(5)主机重量：1000kg。

(6)电柜尺寸（长×宽×高）：550mm×550mm×1000mm。

(7)水箱尺寸（长×宽×高）：200mm×550mm×280mm。

7.5.2　使用环境

(1)供电电源：交流 380V、50Hz。

(2)额定功率：≤2kW。

(3)脉冲参数：加工金刚石等超硬材料用固化矩形脉冲，加工普通金属可根据需要调整脉冲参数。

(4)功率输出：加工超硬材料 8 级可调，加工金属材料 6 级可调。

(5)工作液：浓度为 10%～20%的植物性乳化液、DX-1 乳化液或水基工作液。

7.6　实 训 内 容

7.6.1　3B 程序代码编程

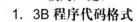

在利用电火花线切割机进行切割加工前，要将切割的图形编写成具有一定格式的程序代码。目前快走丝电火花线切割机的程序代码有 3B 程序代码和 ISO 程序代码，其中 3B 程序代码是国产数控电火花线切割机最常用的格式之一，在我国数控领域应用较为广泛。

1. 3B 程序代码格式

3B 程序代码格式如表 7-1 所示。

表 7-1　3B 程序代码格式

B	X	B	Y	B	J	G	Z
分隔符	X 坐标值	分隔符	Y 坐标值	分隔符	计数长度	计数方向	加工指令

表 7-1 中，B 为分隔符，将 X、Y、J 的数码分隔开；X 为 X 轴坐标的绝对值，单位为 μm；Y 为 Y 轴坐标的绝对值，单位为 μm；G 为加工线段的计数方向，分为按 X 方向记数（GX）和按 Y 方向记数（GY）；J 为加工路径向某一方向（X 轴或 Y 轴）的投影长度，单位为 μm；Z 为加工指令，确定加工位置和加工方向。

2. 直线的 3B 程序代码编程

1）X 值和 Y 值的确定

(1)以直线的起点作为原点建立直角坐标系，X、Y 的值均为该直线终点坐标的绝对值，以 μm 为单位。

(2)若直线与 X 轴或 Y 轴重合，则编写程序代码时，X 值和 Y 值均可取 "0"。

2）计数方向 G 的确定

以直线的起点为原点建立直角坐标系，取直线终点坐标绝对值较大的坐标轴为计数方向 G（可近似看成直线终点就近坐标轴），分为 GX 和 GY。当直线终点坐标绝对值 X>Y 时，G=GX；当直线终点坐标绝对值 X<Y 时，G=GY；当直线终点坐标绝对值 X=Y（即直线与 45°线重合）时，若直线在一、三象限，则 G=GY，若直线在二、四象限，则 G=GX，如图 7-2（a）所示。

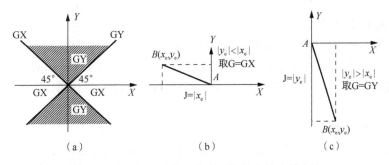

图 7-2　直线加工计数方向和计数长度的确定方法

3）计数长度 J 的确定

加工直线时，计数长度 J 的取值方法如图 7-2（b）和（c）所示，通过计数方向确定直线的投影方向，若 G=GX，则将直线向 X 轴作投影，得到的坐标值的绝对值即为 J 的值；若 G=GY，则将直线向 Y 轴作投影，得到的坐标值的绝对值即为 J 的值。

4）加工指令 Z 的确定

加工指令 Z 按照终点坐标所处象限和直线走向的不同可分为 L1、L2、L3 和 L4。直线终点坐标位置处于 M 象限，该直线的加工指令即为 LM；其中与+X 轴重合的直线记作 L1，与+Y 轴重合的直线记作 L2，与−X 轴重合的直线记作 L3，与−Y 轴重合的直线记作 L4，具体方法如图 7-3 所示。

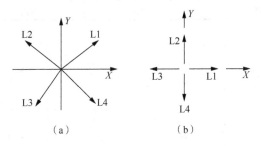

图 7-3　直线加工指令的确定方法

3．圆弧的 3B 程序代码编程

1）X 值和 Y 值的确定

以圆弧的圆心为原点，建立直角坐标系，X、Y 的值均为该圆弧起点坐标的绝对值（与直线不同），以 μm 为单位。如图 7-4（a）中，X=30000，Y=40000；图 7-4（b）中，X=40000，Y=30000。

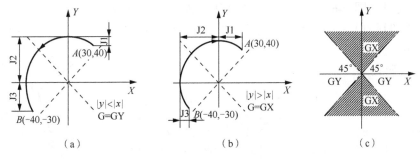

图 7-4　圆弧加工计数方向和计数长度的确定方法

2）计数方向 G 的确定

以圆弧的圆心为原点建立直角坐标系，圆弧的计数方向选取为圆弧终点坐标的绝对值较小的方向（与直线不同），即当圆弧终点坐标绝对值 X>Y 时，G=GY；当圆弧终点坐标绝对值 X<Y 时，G=GX；当圆弧终点坐标值 X=Y 时，取 G=GY 或 G=GX 均可，具体方法如图 7-4（c）所示。

3）计数长度 J 的确定

加工圆弧时，计数长度 J 的取值方法如图 7-4（a）和（b）所示，通过计数方向确定圆弧的投影方向，若 G=GX，则将圆弧向 X 轴作投影，若 G=GY，则将圆弧向 Y 轴作投影。由于圆弧可能跨越几个象限，J 值则为各象限内圆弧的投影坐标值的绝对值之和。在图 7-4（a）和（b）中，则有 J=J1+J2+J3。

4）加工指令 Z 的确定

加工指令 Z 是由圆弧起点所处象限（或即将进入象限）和圆弧加工走向确定的。按照所处象限（或即将进入象限）可分为 R1、R2、R3 和 R4；按照加工走向可分为顺圆 S 和逆圆 N，于是圆弧加工指令 Z 共有以下八种，如表 7-2 所示，具体确定方法如图 7-5 所示。

表 7-2　加工指令 Z 的种类

Z	第一象限	第二象限	第三象限	第四象限
顺圆 S	SR1	SR2	SR3	SR4
逆圆 N	NR1	NR2	NR3	NR4

图 7-5　圆弧加工指令的确定方法

7.6.2　3B 程序代码编程实例

例 7.1：工件如图 7-6 所示，依照 3B 程序代码指令格式编写该工件的线切割加工程序，A 点为进丝位置，$\sin 72° = 0.951$，$\cos 72° = 0.309$。

3B 程序代码如下。

```
N1: B  4045  B   2939  B   4045  GX L2  A→B 段
N2: B 16180  B  11756  B  16180  GX L2  B→C 段
N3: B 16181  B  11756  B  16181  GX L3  C→D 段
N4: B  6181  B  19021  B  19021  GY L1  D→E 段
N5: B 16181  B  11756  B  16181  GX L2  E→F 段
N6: B     0  B      0  B  20000  GX L1  F→G 段
```

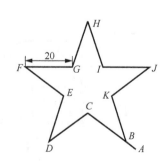

图 7-6　编程实例参考图形（1）

```
N7:  B 6181  B  19021  B  19021  GY  L1  G→H 段
N8:  B 6180  B  19021  B  19021  GY  L4  H→I 段
N9:  B 0     B  0      B  20000  GX  L1  I→J 段
N10: B 16180 B  11756  B  16180  GX  L3  J→K 段
N11: B 6180  B  19021  B  19021  GY  L4  K→B 段
N12: B 4045  B  2939   B  4045   GX  L4  B→A 段
N13: DD                              结束段
```

例 7.2： 工件如图 7-7 所示，依照 3B 程序代码指令格式编写该工件的线切割加工程序，O 点为进丝位置，钼丝偏置（补偿量）为 0.1mm，加工方向为顺时针方向。

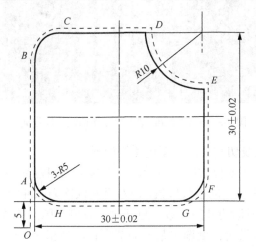

图 7-7　编程实例参考图形(2)

3B 程序代码如下。

```
N1:  B 0     B  0      B  10000  GY  L2   O→A 段
N2:  B 0     B  0      B  20000  GY  L2   A→B 段
N3:  B 5100  B  0      B  5100   GX  SR2  B→C 段
N4:  B 0     B  0      B  15100  GX  L1   C→D 段
N5:  B 9900  B  100    B  10000  GX  NR2  D→E 段
N6:  B 0     B  0      B  15100  GY  L4   E→F 段
N7:  B 5100  B  0      B  5100   GX  SR4  F→G 段
N8:  B 0     B  0      B  20000  GX  L3   G→H 段
N9:  B 0     B  5100   B  5100   GY  SR3  H→A 段
N10: B 0     B  0      B  10000  GY  L4   A→O 段
N11: DD                              结束段
```

注：由于电极丝具有一定半径和放电间隙等，实际加工工件尺寸与设计尺寸会有微小偏差，因此，当设计加工精度要求较高的工件时，要考虑补偿量的增减，通常补偿量 F = 电极丝半径 R + 单边放电间隙 L，如例 7.2 所示。

7.6.3　电火花线切割机操作系统

1．电火花线切割机操作面板

NHT7720F 型电火花线切割机操作面板如图 7-8 所示。

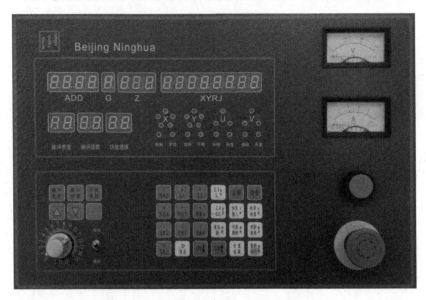

图 7-8　NHT7720F 型电火花线切割机操作面板

NHT7720F 型电火花线切割机操作面板功能如下。

(1)程序显示：该区为 16 位数码管显示，用于显示 3B 程序代码内容。

(2)参数显示：显示所设定的参数数值，由左至右依次为脉冲宽度、脉间倍数和功放选择。

(3)参数设定：设定所选的脉冲参数，包括脉冲宽度、脉间倍数和功放，其范围如表 7-3 所示，使用时，通过参数设定按键选定某一调节项目，当相应参数显示值闪烁时，通过上下选择键进行设定，系统将在 3s 后自动完成确认。

表 7-3　脉冲参数及范围

参数	脉冲宽度/μs	脉间倍数	功放
范围	1~99	1~32	1~8

(4)电压表和电流表：分别显示加工时的高频电压和平均电流。

(5)功能指示：显示加工时所采用的控制功能，灯亮时，相应控制功能启动，灯灭时，相应控制功能关闭。

(6)小键盘：用于手动录入程序代码和设定控制功能。

(7)工作点：调节变频跟踪的松紧，调节变频进给速度。

(8)运行方式(自动/模拟)：选择运行模式，加工时选择自动模式，无丝运行时(如跳步、坐标回零)选择模拟模式。

(9)电源启动：开启机床总控电源。

(10)"急停"按钮：紧急停车，此按钮带有自锁功能，按下后，再次开机前需顺时针转动，待其弹出后方可按动电源启动按钮开启机床。

2. 手操盒

NHT7720F 型电火花线切割机手操盒如图 7-9 所示。

NHT7720F 型电火花线切割机手操盒的功能如下。

(1)X+、X−、Y+、Y−：工作台进给键，分别代表 X 轴正方向、X 轴负方向、Y 轴正方向和 Y 轴负方向。当面板上的"进给"灯灭时该键有效，点按时为点动，长按时为持续进给。

（2）调速：调节手动进给速率，与 X+、X-、Y+、Y-配合使用。本机有两挡可调进给速率，默认为高速进给，按下"调速"键后，指示灯亮，变为低速进给。

（3）解超：此键为备用键，解除超行程时的报警信号和进给限制。

（4）进给：分为手动进给和自动进给，功能指示灯亮时，为自动进给状态，工作台锁住，手轮转动失效；功能指示灯灭时，可转动手轮实现手动进给。

（5）结束：加工结束自动停机功能键，灯亮时自动停机功能启动，程序加工结束后，系统自动切断电源；灯灭时自动停机功能关闭，程序加工结束后，运丝和水泵关闭，系统报警。

（6）断丝：断丝保护功能键，灯亮时断丝保护功能启动，运行过程发生断丝时，系统自动切断电源，并关闭储丝筒和水泵；灯灭时断丝保护功能关闭，断丝后机床仍运转。

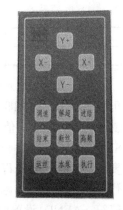

图 7-9　NHT7720F 型电火花线切割机手操盒

（7）高频：手动设置"高频"键，操作面板上的"高频"灯常亮时，电极丝和工件之间有高频脉冲电流输出，"高频"灯常闪烁时，无高频脉冲电流输出。

（8）运丝：运丝电机开启/关闭键。灯亮时运丝电机启动，储丝筒转动，灯灭时运丝电机关闭，储丝筒停转。

（9）水泵：水泵电机开启/关闭键。灯亮时水泵电机启动，工作液循环系统开始工作，灯灭时水泵电机关闭，工作液回流至工作液箱。

（10）执行：加工指令执行/暂停键。

7.6.4　电火花线切割机控制台

开启电源后，操作面板的程序显示区将显示"Good"，此时控制系统正常，可通过小键盘手动输入程序代码和设定控制功能。图 7-10 为控制面板小键盘区。

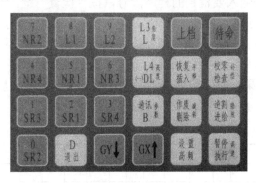

图 7-10　控制面板小键盘区

1. 3B 程序代码输入和编辑

在程序显示区显示"Good"状态时，按"待命"键，显示"P"后方可执行 3B 程序代码的输入指令，操作时需输入程序段号。本控制系统可储存 2158 条 3B 程序代码，程序段号为 0～2157。输入代码时可以任意段号作为加工程序起始条段位置，并可同时储存多个加工程序，每次重新录入程序代码即可将先前的程序代码覆盖。

3B 程序代码输入格式如表 7-4 所示。

表 7-4　3B 程序代码输入格式

程序段号	分隔符	X 坐标值	分隔符	Y 坐标值	分隔符	计数长度	计数方向	加工指令
N	B	X	B	Y	B	J	GX/GY	Z

按照表 7-4 所示的 3B 程序代码输入格式的顺序，首先要输入起始段号(任意程序段号均可)，按 "B" 键，即可输入 3B 指令 X 坐标值；再一次按 "B" 键后输入 Y 坐标值，再按 "B" 键输入计数长度 J 值，按 "GX" 键或 "GY" 键输入计数方向，最后输入加工指令 Z(L1～L4、SR1～SR4 和 NR1～NR4 共计 12 种)。到此即完成了一条加工程序代码的全部输入过程，若要继续输入下一条程序代码，可以直接按 "B" 键，程序段号会自动跳转至下一条。每个程序代码输入完毕后，则需要在末段程序段内按 "D" 键(停机符，END)或连按两次 "D" 键(全停符，AEND)设置停机指令。

3B 程序代码输入实例如下：

按键操作	数码管程序显示区显示状态											说明
待命	P											处于待命状态
1		1										输入起始段号
B0		1			H						0	输入 X 坐标值
B4750		1			Y		4	7	5	0		输入 Y 坐标值
B19000		1			J		1	9	0	0	0	输入计数长度 J 值
GX		1	H		J		1	9	0	0	0	输入计数方向
NR4		1	H	N	R	4	J	1	9	0	0	0	输入加工指令
D		1	H	N	R	4	J			E	N	D	输入停机符
D		1	H	N	R	4	J		A	E	N	D	输入全停符

2. 常用控制功能设定

1)检查

在待命状态下，首先输入要检查的程序段号，按 "检查" 键，即开始显示该程序段的 X 值，再按 "检查" 键，显示该程序段的 Y 值，再按 "检查" 键，显示计数长度 J 值，再按 "检查" 键显示计数方向和加工指令，到此该程序段已检查完毕。若要继续检查下一程序段，可以直接按 "检查" 键，程序段号会自动跳转至下一条，同时显示下一条程序段的 X 值，依次类推。在检查的过程中如果不按任何键，则每隔 5s 控制系统会自动显示下一项内容，与按 "检查" 键的效果相同。待检查完毕后，按 "待命" 键返回待命状态。

检查功能操作实例如下：

按键操作	数码管程序显示区显示状态										说明
待命	P										处于待命状态
10		1	0								输入起始段号
检查		1	0		H		1	0	0	0	显示 X 坐标值
检查		1	0		Y		5	0	0	0	显示 Y 坐标值
检查		1	0		J		1	0	0	0	显示计数长度 J 值
检查		1	0	H	L	1					显示计数方向和加工指令

2)插入(显示提示符 INC)

使用插入功能指令可在某个程序段号处插入一条新指令，同时将该程序段号后面的指令向后依次移动。在待命状态下，输入需要插入的程序段号，按"插入"键，程序显示区显示"INC"表示已成功插入，此时该程序段号处的指令为空，可使用小键盘在该程序段号内输入新的指令，完成新指令的插入。

3) 删除(显示提示符 DEL)

使用插入功能指令可将某个程序段号处的指令删除，同时将该指令后面的指令向前依次移动。在待命状态下，输入需要删除的程序段号，按"删除"键，程序显示区显示"DEL"表示已成功删除，此时该程序段号处的指令为下一条加工指令，依次类推。

4) 修改

输入要修改的指令程序段号，直接按照输入指令的方法对错误指令进行修改。在检查的过程中，如果发现某条指令没有停机符，可按"D"键插入，这条指令就修改为有停机符的指令。

5) 作废

若要将连续几条程序段号内的指令全部作废，使它们全部无效，则可以使用此功能，在待命状态下，按"上档"键切换到上挡状态，输入要作废程序段的起始段号后按"L4"键，显示"┌"符号，然后输入程序段的结束段号后按"L4"键，显示"┘"，最后按"作废"键，系统将所选段号内的所有指令作废后返回到待命状态。

作废功能操作实例如下：

按键操作	数码管程序显示区显示状态														说明
待命	P														处于待命状态
上档	P.														处于上挡状态
50			5	0											输入起始段号
L4	┌														进入"("状态
80			8	0											输入结束段号
L4	┘														进入")"状态
作废	P														作废操作结束返回待命状态

6) 恢复

恢复功能与作废功能相对应，若将已作废的连续几条程序段号内的指令全部恢复成有效指令，则可以使用此功能，在待命状态下，按"上档"键切换到上挡状态，输入要恢复程序段的起始段号后按"L4"键，显示"┌"符号，然后输入程序段的结束段号后按"L4"键，显示"┘"，最后按"恢复"键，系统将所选段号内先前作废的所有指令恢复后返回到待命状态。

注意：只有先前已经用作废功能作废的指令，才能用恢复功能恢复。

恢复功能操作实例如下：

按键操作	数码管程序显示区显示状态														说明
待命	P														处于待命状态
上档	P.														处于上挡状态
50			5	0											输入起始段号
L4	┌														进入"("状态
80			8	0											输入结束段号
L4	┘														进入")"状态
恢复	P														恢复操作结束返回待命状态

7）平移

平移功能是将连续几条程序段号内的指令重复执行规定次数的一种加工方法。当程序代码中有相同的连续重复加工指令时，可以只输入一段指令，与其相同的指令可以不用输入。

注意：相同的指令段必须是连续的，中间不能有其他指令。

首先按"上档"键和"设置"键，系统处于设置状态，输入要平移程序段的起始段号后按"L4"键，显示"┌"符号，然后输入程序段的结束段号后按"L4"键，显示"┘"，最后输入要平移的次数后按"平移"键，平移参数输入完成，显示器显示输入的三个参数，操作面板上的"平移"指示灯亮。

清除平移功能时，首先按"上档"键和"设置"键，系统处于设置状态，再按"平移"键，最后按"退出"键，此时"平移"指示灯灭。

平移功能操作实例如下：

按键操作	数码管程序显示区显示状态											说明
待命	P											处于待命状态
上档	P.											处于上挡状态
设置	E.											处于设置状态
50		5	0									输入平移起始段号
L4	┌											进入"（"状态
100	1	0	0									输入平移结束段号
L4	┘											进入"）"状态
80		8	0									输入平移次数
平移		5	0	-		1	0	0			8	0	显示平移段号和次数
待命	P											指示灯亮

8）间隙补偿

间隙补偿功能是让系统自动将钼丝半径的加工损耗计算到程序中，预留间隙空间，使加工出来的工件规格与编写的指令相同。

间隙补偿功能的参数值有钼丝半径和补偿正反向两种，其中补偿正反向的定义方法为：按"GX"键显示正号，为正向补偿，逆时针加工时工件轮廓扩大，顺时针加工时工件轮廓缩小，直线指令向上或向左平移，逆时针圆弧指令半径扩大，顺时针圆弧指令半径缩小，按"GY"键显示负号，为负向补偿，其工件的轮廓变换和指令的修改与正向补偿相反。

首先按"上档"键和"设置"键，系统处于设置状态，然后按"补偿"键进入补偿参数显示状态，当没有定义间隙补偿时显示一个"0"，"补偿"指示灯不亮；此时输入或修改参数时，首先按"GX"键或"GY"键，确定补偿方向，显示"+"号或"-"号后再开始输入钼丝半径，按"补偿"键后，补偿参数即定义完成，"补偿"指示灯亮。

清除补偿功能时，首先按"上档"键和"设置"键，系统处于设置状态，再按"补偿"键，最后按"退出"键，此时"补偿"指示灯灭。

9）调节运行速率

调节运行速率功能通过设置运行时取样变频的次数来达到调节执行速率的目的。

首先按"上档"键和"设置"键，系统处于设置状态，再按"调速"键，此时显示"aaa"值，即为先前系统的设置值，按"GX"键，可增大 aaa 值，提高执行速率；按"GY"键，可减小 aaa 值，降低执行速率。

10）缩放

缩放功能可将所有指令按照输入的比例参数进行缩放，使加工工件轮廓按比例缩小或放大。本系统的缩放比例是以"1000"为基准的，大于"1000"的值为放大的比例，小于"1000"的值为缩小的比例。

首先按"上档"键和"设置"键，系统处于设置状态，输入缩放比例值，按"缩放"键即完成此功能的设定。输入完后"缩放"指示灯将点亮。

注意：缩放功能在执行完全部指令并关机后，将自动清除。

11）高频切换

在待命状态下，依次按"上档"、"D"和"D"键，"高频"指示灯亮或灭。

12）坐标显示

加工过程中，当显示计数长度时，依次按"待命"、"上档"和"GX"或"GY"键，即可显示当前 X 或 Y 的坐标值。

7.6.5　电火花线切割机加工实例

（1）使用游标卡尺测量加工工件尺寸，找准装夹位置和进丝位置。

（2）开启设备侧面的电源开关并根据切割材料特征选择合适挡位，通常，切割金属材料选择"普通"挡位，切割陶瓷材料选择"聚晶"挡位；按控制面板上的绿色启动按钮，开启切割机并调节脉冲条件和工作点至合适数值。

（3）装夹工件。注意夹紧工件，安装工件之前，转动手轮调整工作台位置，使钼丝远离夹具，防止工件刮碰钼丝造成钼丝断裂。

（4）双手转动手轮，控制 X 轴、Y 轴丝杠运转，调整钼丝和工件的相对位置，使钼丝靠近工件进丝位置，注意钼丝位置不能紧贴工件。

（5）通过控制面板小键盘区编写并录入程序代码（与步骤（3）不分先后）。

（6）依次按"待命"→"上档"→"D"键开启高频待命状态。"高频"指示灯闪烁。

（7）按手操器上的"高频"键，开启高频，"高频"指示灯长亮，注意此时禁止触碰工件和钼丝。

（8）按手操器上的"运丝"键，钼丝运行。

（9）缓慢转动手轮，使钼丝继续靠近工件进丝位置，直至产生电火花。

（10）逆时针拧动两手轮中心旋钮，松刻度盘，转动手轮刻度盘，使其零刻度线位置与工作台刻线位置对齐，如图 7-11 所示；顺时针拧紧两手轮中心旋钮，固定刻度盘，使其在加工过程中随手轮同步转动。

图 7-11　转动手轮刻度盘固定零刻度线

（11）待命状态下单击所输入代码程序段的起始段号后，按小键盘区"执行"键，代码程序显示区出现首尾条段号码。

（12）按手操器上的"执行"键，加工开始，随即按手操器上的"水泵"键，开启循环工作液。加工过程中，操作面板实时显示加工信息，如图 7-12 所示。

图 7-12　线切割加工和操作面板实时信息显示

（13）待加工结束后，按手操器上的"进给"键解锁工作台。

（14）依次按"待命"→"上档"→"D"键关闭高频待命状态，转动手轮，使钼丝远离工件，卸下工件，关闭设备。

7.6.6　实训任务

（1）利用电火花线切割机加工边长为 150mm 的正五角星，正五角星内角为 36°，外角为 108°。

（2）利用电火花线切割机加工校徽，尺寸不限。

7.7　注意事项

（1）操作者必须熟悉电火花线切割机的基本使用规程，开机前应做全面检查，无误后方可进行操作。

（2）操作者必须了解电火花线切割机的基本加工工艺，选择合适的加工参数，按规定的操作顺序操作，防止造成意外断丝和超范围切割等现象。

（3）用摇柄操作储丝筒后，应及时将摇柄拔出，防止储丝筒电机运行时，将摇柄甩出造成危险，换下的丝要放在指定容器内，防止混入电路或运丝机构。

（4）注意防止由储丝筒惯性造成的断丝及传动件的碰撞，因此，要在储丝筒刚换完向时按下停止键。

（5）加工前尽量消除工件的残余应力，安置好防护罩，防止切割中工件爆裂伤人。

（6）切割工件前应检查装夹位置是否合适，防止碰撞丝架或因超程撞坏丝杆和丝母，对于无超程限位的工作台，要防止坠落事故。

（7）禁止用湿手按开关或接触电器部分，防止冷却液进入机床电柜内部，一旦发生事故应立即切断电源，用灭火器把火扑灭，禁止用水救火。

（8）运丝时，操作者不要站在 X 轴手轮位置和储丝筒正后方，防止突然断丝伤人或污水飞溅。

(9)禁止高频开启后同时接触电极丝和工件，以免发生触电而造成危险。

(10)本机加工时会产生火花放电，禁止在工作区域放置易燃易爆物品。

7.8　思　考　题

(1)电火花线切割机的实验原理是什么？

(2)电火花线切割机的加工特点是什么？

(3)线切割加工的优点和缺点是什么？

第8章 激光切割机

8.1 概　　述

激光的中文名叫做"镭射"，是其英文名 Laser 的译音，取自英文 Light amplification by stimulated emission of radiation 各单词的首字母组成的缩写词，意思是"受激辐射的光放大"。激光这一概念可以追溯到 20 世纪初，1905 年，爱因斯坦首次提出了光量子假说，开启了人们对激光理论的初步了解和探讨；1917 年，爱因斯坦又提出了受激辐射理论——在组成物质的原子中，有不同数量的电子分布在不同的能级上，在高能级的电子在光子的激发作用下向低能级跃迁时，辐射出和激发光子位相、频率、传播方向以及偏振状态等全相同的光子。受激辐射理论加速了激光理论的成熟和发展。1960 年，美国加利福尼亚州休斯实验室的科学家梅曼宣布获得了波长为 0.6943μm 的激光，这是人类有史以来获得的第一束激光；两个月后，梅曼在前期工作的基础上发明出全世界第一台红宝石固态激光器。此后数十年间，激光在各个领域的应用得以迅速发展。

激光具有亮度高、相干性好、单色性好和方向性好等优点，可将激光的能量汇聚集中在某个很小的区域，因此，随着激光技术的发展，人们开始探索高能量激光在加工领域的应用。20 世纪 70 年代，大功率激光开始应用于工业生产。经过多年的技术发展和对激光与材料相互作用的深入研究，激光加工已经成为当前工业加工领域重要的技术手段之一。

激光加工是指将高能量激光光束作用于工件表面，使工件改性或发生形变的过程，具有无接触、无污染、低噪声和易于智能操作等技术特点。激光加工分为激光热加工和激光光化学反应加工两大类，其中激光热加工发展较为成熟，广泛应用于工件的切割、打标、刻槽和打孔等加工过程。

本实训所使用的激光切割机利用激光热加工技术，引入数控系统，通过丝杠运行使激光光束和工件发生相对位移，可依照预先设计对金属和非金属材料进行切割加工。在加工过程中，激光刀头的机械部分与工件无接触，工作时不会对工件表面造成划伤；激光切割速度快，切口光滑平整，一般无须后续加工；切割热影响区小，板材变形小，切缝窄（0.1～0.3mm）；切口没有机械应力，无剪切毛刺；加工精度高，重复性好，不损伤材料表面；采用数控编程，可加工任意的平面图，可以对幅面很大的整板切割，经济省时。近十几年来，我国的激光切割机发展得比较快，应用领域涉及手机、计算机、钣金加工、金属加工、电子、印刷、包装、皮革、服装、工业面料、广告、工艺、家具、装饰、医疗器械等众多行业。本实训所使用的设备为 ZT-JG2S 型激光切割机，如图 8-1 所示。

ZT-JG2S 型激光切割机主要用于高硬度材料（人造金刚石、天然单晶、立方氮化硼、硬质合金、陶瓷）和一些线切割机无法加工的非导电材料的切割加工，切割速度是线切割机的 10～20 倍。

机床采用了稳定的 YAG 泵浦激光器，激光功率输出稳定，单脉冲能量较大。另外，机床配置了高精度位移台，可有效提高切割精度，将切割热影响降到最低，加工过程中可实时观察切割情况，便于操作者操作。

图 8-1　激光切割机

8.2　实 训 目 标

(1) 了解激光切割机的基本结构及加工原理。

(2) 掌握工件的安装方法和机械制图基本画法。

(3) 掌握激光切割机的操作方法并独立操作完成一项基本加工任务。

8.3　激光切割机结构

ZT-JG2S 型激光切割机包括控制系统、激光器、光路系统、水冷系统和供气系统等。

(1) 控制系统。机床控制系统主要由 XY 轴十字工作台、Z 轴和计算机及软件控制部分等组成。XY 轴十字工作台分别对应机床的 X 轴和 Y 轴，通常由底座、滚动导轨副、滑动座、工作平台、滚珠丝杠副和步进电机等组成，如图 8-2 所示。底座固定在床体上，并沿 Y 轴方向平行安置两组滚动导轨副和一组滚珠丝杠副，滑动座安装在底座的导轨上，由丝杠带动可沿 Y 轴运动。在滑动座 X 轴方向上平行安置两组滚动导轨副和一组滚珠丝杠副，工作平台安装在滑动座的导轨上，由丝杠带动可沿 X 轴运动，步进电机等驱动元件安装在 -X/+Y 方向位置，用来驱动滚珠丝杠转动，滚珠丝杠螺母带动滑动座和工作平台在导轨上运动，将卡盘固定在工作平台上，实现工件在 XY 平面任意位置的移动。Z 轴运动机制和 XY 轴十字工作台相似。

图 8-2　XY 轴十字工作台

计算机所使用的系统为 Windows XP 系统，通过 AutoCAD 2007 软件绘制切割图形，利用 WinCNC 软件对激光进行对焦并生成切割线，控制机床运行，实现板材工件的切割加工。

(2) 激光器。激光器的种类有很多，有固体激光器、液体激光器、气体激光器和半导体激光器等，ZT-JG2S 型激光切割机所使用的激光是 YAG 泵浦激光器，属于固体激光器的一种，所产生的激光波长为 1064nm。

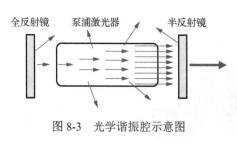

图 8-3　光学谐振腔示意图

（3）光路系统。光路系统主要由扩束镜、反射镜、光学支架、光栏、45°镜和物镜等组成，具有产生激光、改变激光路径、改变激光强度及改变发散角等作用。反射镜又分为全反射镜和半反射镜（输出镜），二者构成一个光学谐振腔，如图 8-3 所示，主要用于对频率相同、方向一致的光进行放大，而把其他频率和方向的光加以抑制，凡不沿光学谐振腔轴线运动的光子均很快逸出腔外，沿轴线运动的光子将在腔内继续前进，并经两反射镜的反射不断往返运行、产生振荡，运行时不断与受激粒子相遇而产生受激辐射，沿轴线运行的光子将不断增殖，在腔内形成传播方向一致、频率和相位相同的强光束，这就产生了激光。

扩束镜是一种由两个或多个元件组成用以调节激光光束直径和发散角的光学系统。物镜是一个凸透镜，可将高能量激光光束汇聚至工件表面某一极小的区域范围内，从而实现工件的高精度加工。

（4）水冷系统。本实训中与激光切割机配套使用的水冷设备为 AK-52 型一体式恒温冷却液循环机，以去离子水作为传热介质，将激光器产生的热量传递出来，通过制冷系统将热量散发到设备外部，从而保证设备在正常的温度范围内运行。冷却液循环机与激光器之间依靠水循环系统内的水泵压力形成封闭介质循环，由温度传感器检测介质温度，对冷却液循环机进行实时控制。

（5）供气系统。供气系统主要包括气源、过滤装置和管路等，主要通过空气压缩机提供高压空气，管路与 Z 轴激光刀头相通，汇聚的高能量激光光束切割工件的同时，与激光光束同轴的高压空气从激光刀头喷出，可清除熔化的切割废料杂质。

8.4　激光切割机原理

激光切割机的原理是将从激光器发射出的激光，经光路系统，聚焦成高功率密度的激光光束，照射到工件表面，使工件达到熔点或沸点，同时利用与激光光束同轴的高压空气清除熔化或汽化的切割废料，如图 8-4 所示。随着光束与工件相对位置的移动，最终使材料形成切缝，从而达到切割的目的。激光切割加工用不可见的光束代替了传统的机械刀，具有精度高、切割速度快、切口平滑和加工成本低等特点，将逐渐改进或取代传统的金属切割工艺设备。本机主要切割高硬度、高熔点、不透明材料。

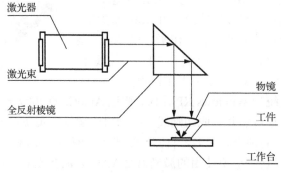

图 8-4　激光切割机原理图

8.5　设　备　参　数

8.5.1　基本参数

(1) 操作系统：Windows XP 系统。

(2) 激光类型：YAG 泵浦激光器(脉冲激光电源)。

(3) 激光波长：1064nm。

(4) 激光功率：≥90W。

(5) 激光频率：10Hz、20Hz、30Hz、40Hz、50Hz、60Hz。

(6) 光脉冲宽度：120μs。

(7) 光束发散角：$7°\sim8°$。

(8) 三轴行程(X 轴×Y 轴×Z 轴)：200mm×200mm×50mm。

(9) 工作台载重：50kg。

(10) 定位精度：0.002mm。

(11) 聚焦调整范围：30mm。

(12) 单面最大切割厚度：5mm。

(13) 最大切割速度：5mm/s。

(14) 切缝宽度：0.15mm。

(15) 切割损耗宽度：低于 0.05mm。

(16) 热影响区：≤0.05mm。

8.5.2　使用环境

(1) 供电电源：三相五线制、380V、50Hz。

(2) 工作环境：通风条件好、无污染、无粉尘的场地环境。

(3) 可连续工作时间：24h。

(4) 适合切割材料：立方氧化硼、PCD、PCBN、硬质合金、陶瓷等难切割材料。

8.6　实　训　内　容

8.6.1　激光切割机控制面板

激光切割机控制面板是由电源指示灯、激光钥匙开关、"急停"按钮、"冷水机"按钮、"工作台"按钮、"计算机"按钮、"工作灯"按钮、"监控"按钮、"排尘"按钮、"准值"按钮、十字线控制旋钮和显示器等组成的，如图 8-5 所示，主要用来开关各个切割功能并指示其状态，以及调节激光参数等。

1) 电源指示灯

电源指示灯主要显示当前设备的供电状态，开启设备墙壁电源后，电源指示灯亮，可以进行后续加工操作。

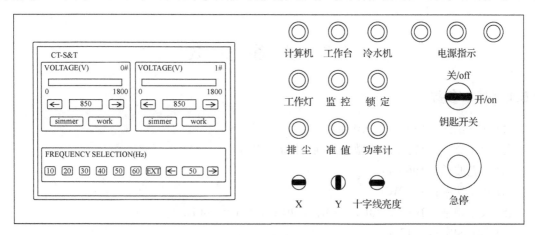

图8-5 激光切割机控制面板

2)激光钥匙开关

激光钥匙开关是激光电源和控制面板显示器的控制开关,将钥匙从"关/off"转动至"开/on",即可开启激光电源和控制面板显示器。

3)"急停"按钮

"急停"按钮主要用于开启或关闭机床,开启设备墙壁电源后,顺时针转动"急停"按钮90°左右,按钮弹出,即可进行后续操作;加工完成后,按下"急停"按钮,主机和冷却液循环机即停止运行,仅电源指示灯亮。

4)"冷水机"按钮

"冷水机"按钮是水循环系统的开关按钮,直接控制冷却液循环机运行。开机转动"急停"按钮弹出后,设备蜂鸣器发出"哔—哔—"声报警,按下"冷水机"按钮供水3s后,冷却液循环机面板显示"E_dL"(压缩机延时保护),警报消除。

5)"工作台"按钮

"工作台"按钮是XY轴十字工作台的控制开关,按下"工作台"按钮,XY轴十字工作台即锁死,只能通过键盘或系统控制步进电机对其进行操作。

6)"计算机"按钮

"计算机"按钮是机床控制系统的开关,按下"计算机"按钮,即可开启计算机进行后续操作。

7)"工作灯"按钮

"工作灯"按钮是工作台右侧工作灯的控制开关,按下"工作灯"按钮,工作灯亮。

8)"监控"按钮

"监控"按钮是激光主轴CCD相机开关,双击计算机桌面上的"AMCAP"软件图标打开软件,按下"监控"按钮,开启CCD相机,通过键盘或软件系统的虚拟按键,调整激光头的X、Y轴水平位置和Z轴垂直位置,对工件进行对焦并确定其中心点位置,操作完成后按出"监控"按钮关闭监控软件。

9)"排尘"按钮

"排尘"按钮是鼓风机的控制开关,在激光切割加工过程中,易产生粉尘,按下"排尘"按钮,启动鼓风机将粉尘排出,可有效避免粉尘对操作者身体造成伤害。

10）"准值"按钮

"准值"按钮是与激光头同轴的红外线控制开关，按下"准值"按钮即可开启红外线。

11）十字线控制旋钮

面板最下方的三个旋钮主要用来调节 CCD 相机十字线的位置和亮度，X 轴和 Y 轴垂直相交的位置与激光头位置重合，通常无须调节，十字线亮度可根据实际加工需要进行适当调节。

12）显示器

控制面板显示器可通过触屏进行操作，主要用来调整、显示激光参数和控制激光开关。显示和调节的内容分为两部分：激光功率和激光脉冲频率，均可通过"→""←"键进行参数值设置。

应该注意的是，开启激光电源时，要从左至右依次按"simmer"和"work"键，关闭激光电源时反向操作即可；两个激光电源串联时，设置相同的功率参数为宜；选择加工所需的脉冲频率值即可开启激光，一次加工完毕后，可按"EXT"键关闭激光。

8.6.2　软件主要操作功能区

双击计算机桌面上的"WinCNC"图标打开软件，界面如图 8-6 所示，导入文件后方可进行后续操作。

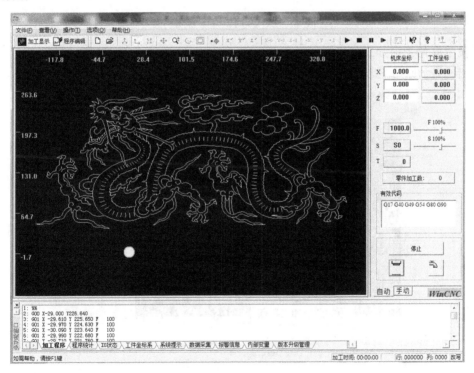

图 8-6　软件主界面

1. DXF 文件专用工具条

WinCNC 软件支持直接读取 DXF 格式文件，可将 DXF 格式文件所绘制的图形直接转换为加工路径，并通过 DXF 文件专用工具条对图形进行设置，以满足加工要求。DXF 文件专用工具条常用功能如图 8-7 所示，只有在打开 DXF 格式图形文件时才会出现。

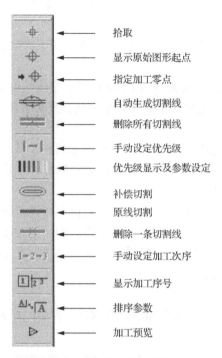

图 8-7　DXF 专用工具条常用功能

拾取
显示原始图形起点
指定加工零点
自动生成切割线
删除所有切割线
手动设定优先级
优先级显示及参数设定
补偿切割
原线切割
删除一条切割线
手动设定加工次序
显示加工序号
排序参数
加工预览

1) 显示原始图形加工起点

单击"显示原始图形起点"按钮，在图形区域某处显示原始图形加工起点，如图 8-8 所示。

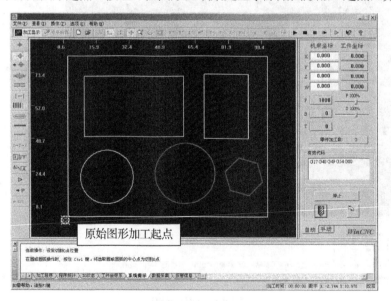

图 8-8　原始图形加工起点界面

2) 指定加工零点

单击"指定加工零点"按钮，将弹出"设定 DXF/PLT 文件加工零点模式"对话框，如图 8-9 所示，对话框有三种加工零点设定模式，分别是按原图零点、自动最大边框设零点和手工自由设零点，同时，还可以对图形的旋转角度和缩放比率进行设定。

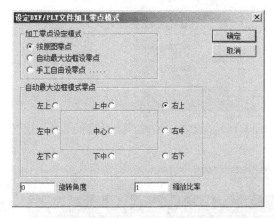

图 8-9　"设定 DXF/PLT 文件加工零点模式"对话框

（1）按原图零点。

将 DXF 格式原始图片的零点位置作为加工零点。

（2）自动最大边框设零点。

系统在读取 DXF 格式文件时，会自动算出其最大边界矩形，以该矩形为边框，操作者可选九个关键点作为加工零点。

（3）手工自由设零点。

选择手工自由设零点模式后，在图形编辑区域选中任意一点作为新的加工起点，DXF 图形中的圆弧端点、线段端点以及圆、圆弧的圆心点将作为关键点显示。将鼠标靠近线段或者圆弧就会出现小十字图标来提示关键点，如图 8-10 所示；将鼠标移动到关键点附近后单击，系统将捕捉关键点坐标并弹出"设定 DXF/PLT 文件切割 0 点"对话框，如图 8-11 所示；单击"确定"按钮后，将重新确定加工零点，如图 8-12 所示。

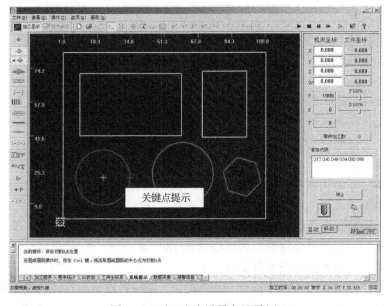

图 8-10　手工自由设零点界面(1)

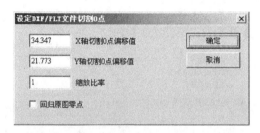

图 8-11　"设定 DXF/PLT 文件切割 0 点"对话框

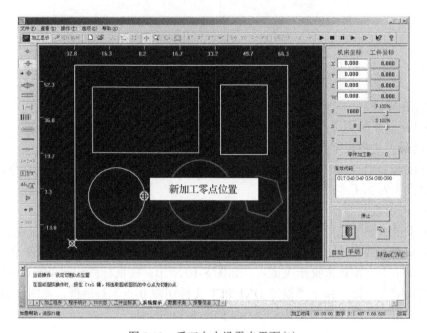

图 8-12　手工自由设零点界面(2)

(4)旋转角度。

输入旋转角度数值,零件图将以加工零点为旋转点按设定旋转角度值进行旋转。

(5)缩放比率。

输入缩放比率数值,零件图将以设定缩放比率值进行缩放。

应注意的是,在设置加工零点时,操作人员只能通过 DXF 格式文件源线进行操作,若已经生成切割线,需先删除切割线,再进行加工零点设置操作。

(6)X 轴/Y 轴镜像。

在部分版本的激光切割系统中,"设定 DXF/PLT 文件加工零点模式"对话框还带有 X 轴镜像和 Y 轴镜像功能,若勾选"Y 轴镜像"复选框,DXF 格式文件图形将以 Y 轴为轴线转动 $180°$,勾选"X 轴镜像"复选框也有类似的效果,若同时勾选"X 轴镜像"和"Y 轴镜像"复选框,则相当于图形以工件坐标原点为轴心旋转 $180°$。

3)自动生成切割线和删除所有切割线

如图 8-13 所示,单击"自动生成切割线"按钮,系统将按源线轨迹自动生成全部切割线,白色源线变为黄色切割线;单击"删除所有切割线"按钮,系统将自动删除全部切割线,黄色切割线将变为白色源线。

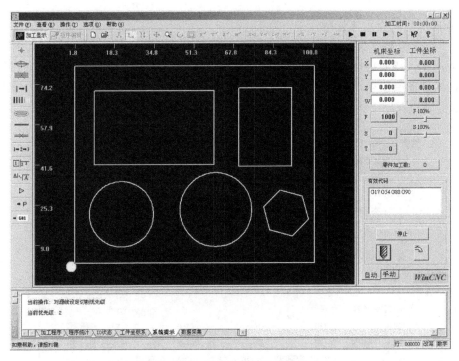

图 8-13　自动生成切割线界面

4) 源线切割优先级设定

(1) 手动设定优先级。

单击"手动设定优先级"按钮，系统将弹出"请输入当前设定优先级"对话框，如图 8-14 所示；如输入 1，选中要设定的源线，单击，所选源线即按照所设定的优先级显示，如图 8-15 所示，图中源线不同颜色对应不同优先级(扫描二维码，可查看彩色图片)。

图 8-14　"请输入当前设定优先级"对话框

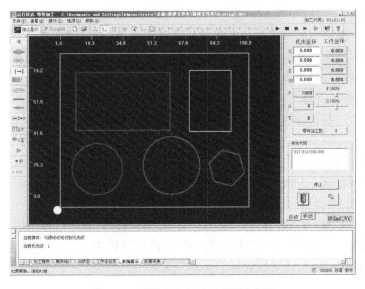

图 8-15　源线优先级显示界面(手动)

(2) 按图层自动设定优先级。

单击"优先级显示及参数设定"按钮，系统将弹出"优先级设定/加工速度设定"对话框，如图 8-16 所示。该对话框包含显示模式、高亮模式颜色选择和分级颜色选择三个部分。勾选"按 DXF 文件图层自动设定优先级"复选框可按照图层设定优先级，勾选"导入导出线层有效"复选框则导入导出线层有效。

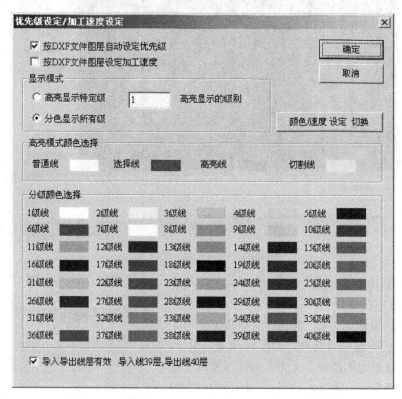

图 8-16　　"优先级设定/加工速度设定"对话框(1)

① 显示模式。

显示模式下，图形中的源线可以采用两种显示方式，选择"高亮显示特定级"单选按钮，所选源线只按高亮显示，且可通过输入数值来设定高亮显示的级别；选择"分色显示所有级"单选按钮，则所选源线按分级颜色显示。

② 高亮模式颜色选择。

高亮模式颜色选择区域包含普通线、选择线、高亮线和切割线四种功能，其后的各个颜色对应不同功能。

③ 分级颜色选择。

分级颜色选择包含 1～40 号共 40 级线，分别对应 40 种颜色，单击颜色可以调出色调板进行颜色更改。

系统可根据在 CAD 原图中的不同图层自动设定源线的优先级，如图层 1 代表优先级 1，图层 2 代表优先级 2，以此类推。当图中有图层 0 或者图层 40 以上时，均自动设置为优先级 7，图 8-17 为按照图层自动设定优先级的显示效果。

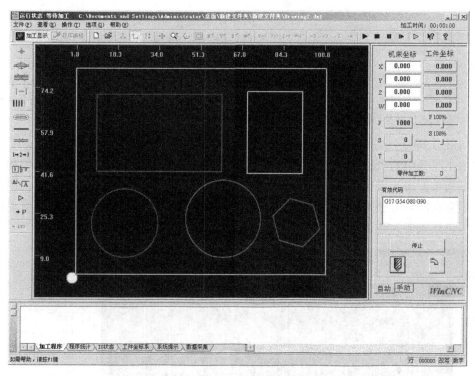

图 8-17　源线优先级显示界面(自动)

5)按图层自动设定加工速度

单击"优先级显示及参数设定"按钮,系统将弹出"优先级设定/加工速度设定"对话框,如图 8-18 所示,勾选"按 DXF 文件图层设定加工速度"复选框并单击"颜色/速度 设定 切换"按钮,可单击"分层速度选择"中的各线级,设定不同图层图形对应的加工速度,设定完成后,系统将按照分层设定的加工速度进行加工。

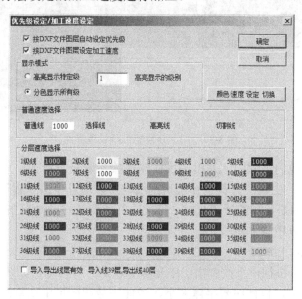

图 8-18　"优先级设定/加工速度设定"对话框(2)

图 8-19 　"请输入切割补偿半径"对话框

6）手动设定补偿切割线

（1）补偿尺寸设置。

按住"Ctrl"键并单击"补偿切割"按钮，系统将弹出"请输入切割补偿半径"对话框，如图 8-19 所示，补偿尺寸也可以在系统菜单栏"选项"下的"图形文件转换参数"中进行设置。

（2）补偿切割。

单击工具条中的"拾取"按钮，鼠标变为十字方框形状，选中所要补偿切割的加工图形元素，则所选图形元素颜色变暗，按照补偿要求和设置的补偿参数在所选的源线内侧或外侧双击，则会在所双击一侧出现绿色线条，如图 8-20 中的箭头指向位置，在任意位置单击进行确定，绿色线条变为亮黄色，内或外分别称为内补偿和外补偿。

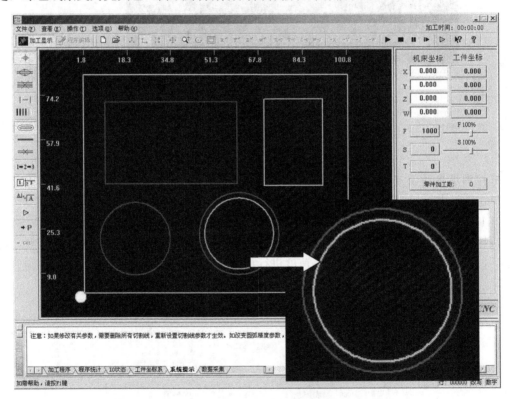

图 8-20 　图形补偿切割线设置界面

在设置补偿切割线的过程中，若出现操作错误或参数设置错误，可在生成绿色线条时，按"Esc"键取消操作；生成的亮黄色补偿切割线也可以通过单击"删除一条切割线"按钮进行删除操作；应注意的是，在选择源线时，每次选择的源线必须是单条线或多条相连接的线。

7）手动设定加工顺序与方向

（1）加工顺序设定。

单击"排序参数"按钮，系统弹出"序号参数设定"对话框，如图 8-21 所示，可对加工序号相关参数进行设定，包括序号字体大小、当前序号和图形中切割顺序号的显示方式，可以显示全部序号，也可以只显示部分序号。

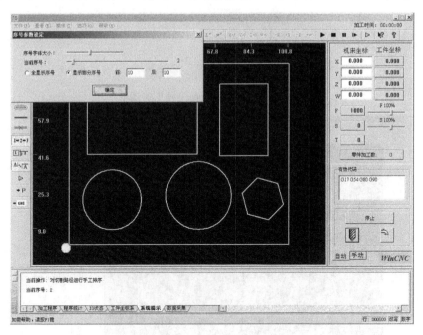

图 8-21　序号参数设定界面

单击"显示加工序号"按钮，主界面图形将显示加工序号，如图 8-22 所示。

单击"手动设定加工次序"按钮，系统将弹出"请输入当前序号"对话框，如图 8-23 所示，对话框中的数字表示当前设定的加工序号，系统提示框显示当前操作和当前序号。如输入"1"，单击"确认"按钮后，单击界面中的 4 号线条，可发现 4 号线条变成"1"号加工线，系统提示框变为设定加工排序 2，表示可以继续设定第二步加工的线条，如图 8-24 所示。

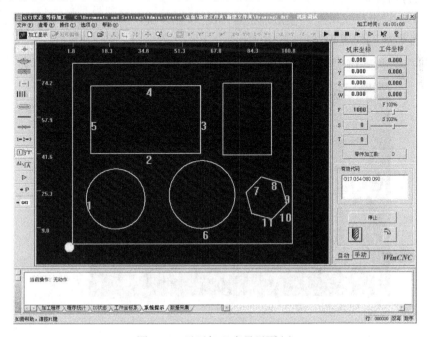

图 8-22　显示加工序号界面(1)

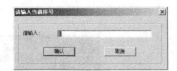

图 8-23 "请输入当前序号"对话框

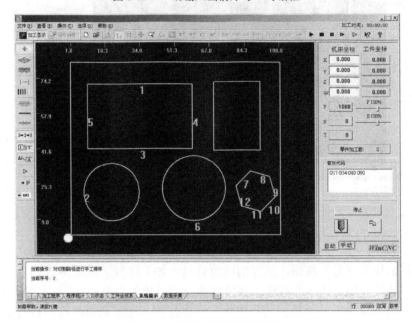

图 8-24 显示加工序号界面(2)

(2)加工方向设定。

单击"手动设定加工次序"按钮，然后按住"Ctrl"键，单击某切割线，系统将对该切割线的方向进行转换，如图 8-25(a)和(b)所示。

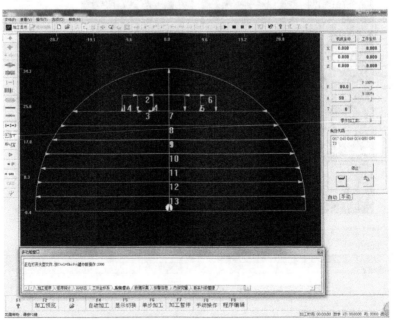

(a)

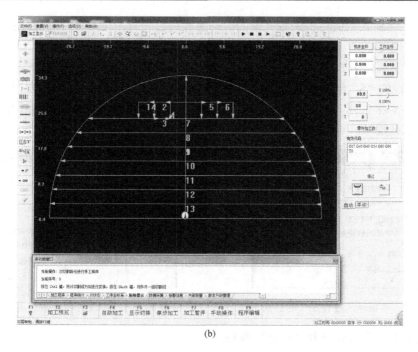

(b)

图 8-25　显示加工方向界面

8）其他设定

生成切割线或删除切割线也可无须单击"自动生成切割线"按钮或"删除所有切割线"按钮，而是根据加工需求，单独添加和删除某条切割线。

单击"拾取"按钮，鼠标变成十字方框形状，单击"删除一条切割线"按钮，删除已经设定好的切割线，直接在线条上单击，则黄色的切割线将变成白色的源线，自动加工时将取消对该线条的加工。

除使设定好的切割线转变成源线外，还可以单击"原线切割"按钮，根据加工需要，有选择地生成沿源线的切割线，被选线条从白色源线转变成黄色切割线。

生成切割线后，单击"加工预览"按钮，可预览加工顺序。在自动生成切割线时，系统将按源线的优先级来生成切割线的加工顺序。

2. 设备操作快速设置窗口（自动）

设备操作快速设置窗口（自动）如图 8-26 所示。

1）坐标设定区

坐标设定区主要用来显示"机床坐标"和"工件坐标"位置；在工件切割加工前，应手动设置机床坐标原点与工件坐标原点重合。

2）机床速度和激光控制参数设定

在该区域中，F 表示机床速度，单击 F 后的按键，进入"机床速度设定"对话框，如

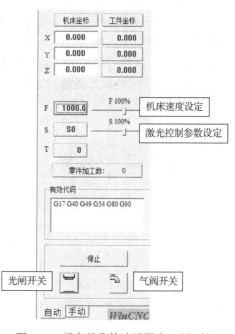

图 8-26　设备操作快速设置窗口（自动）

图 8-27 所示，可输入数值对机床激光轴的运动速度进行设置；拉动其后的滑杆也可改变机床激光轴的运动速度。

激光操作系统应用 PWM 控制激光输出功率，S 表示 PWM 频率设定，T 表示 PWM 的脉宽，按键内出现的"S"代表当前自动控制激光已开启，单击按键，弹出"激光控制参数设定"对话框，如图 8-28 所示，可输入数值对激光控制参数进行设置；也可拉动其后的滑杆调节相应的激光控制参数。

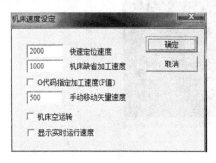

图 8-27　"机床速度设定"对话框

图 8-28　"激光控制参数设定"对话框

3）光闸开关、气阀开关和"停止"按键

这个区域包含光闸开关、气阀开关和"停止"三个虚拟按键。光闸开关是激光光闸开启和闭合的手动控制开关，可在机床运行的任意时刻对光闸的开启和闭合进行控制，光闸可有效阻挡高能量激光光束。通常在工件自动切割加工过程中，光闸开关会自动按照既定的加工程序开启和关闭，实现工件的非连续切割。

气阀开关是激光刀头气阀的控制开关，可在机床运行的任意时刻对气阀的开启和闭合进行控制，刀头排出的高压空气可有效阻止切割加工产生的高温废屑进入刀头内部，避免废屑沉积在镜片表面造成激光的透光性下降甚至是镜片损伤，同时，将工件表面切口处的废屑排除既有助于工件的切割加工，又有效降低了工件和刀头的温度。

"停止"按键是激光切割加工过程中激光轴的停止按键，在加工过程中，如果发现加工路径错误或参数设置错误，可按"停止"键使加工停止（暂停），可有效避免加工失误等因素造成的损失。

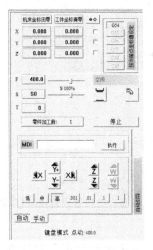

图 8-29　设备操作快速设置窗口（手动）

3. 设备操作快速设置窗口（手动）

单击"手动"按钮，系统进入手动状态，设备操作快速设置窗口（手动）如图 8-29 所示。

设备操作快速设置窗口（手动）常用区域包括坐标设定区和虚拟键盘操作区，主要用于手动设置机床坐标与工件坐标及调整激光刀头位置。

1）坐标设定区

在坐标设定区通过单击"机床坐标回零"键和"工件坐标清零"键可对机床坐标和工件坐标进行设定。

2）虚拟键盘操作区

虚拟键盘操作区包括 X、Y、Z 三个轴方向键，其中 X 轴和 Y 轴方向键可控制激光刀头前后、左右移动，也可通过键盘上的方向键进行操作，主要用于工件坐标零点确定过程；Z 轴方向键可控制激光刀头上下移动，只能使用虚拟键盘进行操作，主要用于激光聚焦过程，坐标设定区可以显示三轴移动的坐标值变化量。所有手动操作均假定激光刀头相对静止的工件进行移动，激光切割加工前的对刀过程将在 8.6.3 节中进行说明。

虚拟键盘操作区还包括 7 个速度调节键，分别为"低"、"中"、"高"、"0.001"、"0.01""0.1"和"1"，主要用于调节主轴运动倍率，在精准对刀过程中，主轴运动倍率调节至关重要，主轴默认初始运动倍率为"1"。

4. 快捷键

在部分界面显示方式下，可通过参数设置调用常用功能的快捷方式按键，其通常设置在主界面的最底端位置，分别在自动方式和手动方式下显示。

1）自动方式

单击设备操作快速设置窗口下端的"自动"按钮，界面底端将出现快捷键功能区，如图 8-30 所示，常用快捷键有加工预览 F2、打开文件 F3、自动加工 F4、单步加工 F6、加工暂停 F7 和手动操作 F8，按其后对应的键盘功能键也可执行相应操作。

图 8-30　自动方式下的快捷键

（1）加工预览 F2。

快捷键功能区的"加工预览 F2"键与专用工具条中"加工预览"按钮的功能相同，单击"加工预览 F2"键或按键盘上的 F2 功能键，可在切割加工前浏览整个加工过程，加工预览过程中，光闸开关处于闭合状态。

（2）打开文件 F3。

快捷键功能区的"打开文件 F3"键与工具栏"打开"图标的功能相同，单击"打开文件F3"键或按键盘上的 F3 功能键，可导入 DXF 文件数据。

（3）自动加工 F4。

单击快捷键功能区的"自动加工 F4"键或按键盘上的 F4 功能键，设备进入自动运行状态，气阀开关开启，激光刀头向加工起点移动，到达加工起点位置后，光闸开关开启，高能激光光束按照切割线设定轨迹对工件进行自动切割加工。

（4）单步加工 F6。

单击快捷键功能区的"单步加工 F6"键或按键盘上的 F6 功能键，高能激光光束按照切割线设定轨迹对工件进行单线条切割加工，每单击"单步加工 F6"键一次，激光头行进一步。

（5）加工暂停 F7。

当设备处于自动加工过程中时，若发现操作失误或参数设置错误，单击快捷键功能区的"加工暂停 F7"键或按键盘上的 F7 功能键，即可闭合光闸开关，激光刀头位置不变，气阀开关闭合，加工停止。

（6）手动操作 F8。

快捷键功能区的"手动操作 F8"键与设备操作快速设置窗口下端的"手动"按钮功能相同，单击快捷键功能区的"手动操作 F8"键或按键盘上的 F8 功能键，即可进入手动方式。

2）手动方式

单击设备操作快速设置窗口下端的"手动"按钮，界面底端将出现快捷键功能区，如

图 8-31 所示，常用快捷键有回零 F5、清零 F6 和返回 F9，按其后对应的键盘功能键也可执行相应操作。

F1	F2	F3	F4	F5	F6	F7	F8	F9
?	点动+	点动-	方式切换	回零	清零	Z轴对刀	增量	返回

图 8-31　手动方式下的快捷键

(1)回零 F5。

单击快捷键功能区的"回零 F5"键或按键盘上的 F5 功能键，可使各轴返回机械零点。

(2)清零 F6。

单击快捷键功能区的"清零 F6"键或按键盘上的 F6 功能键，可使各轴的工件坐标系清零。

(3)返回 F9。

"返回 F9"键的功能与自动方式下"手动操作 F8"键的功能相对应，单击快捷键功能区的"返回 F9"键或按键盘上的 F9 功能键，可使界面返回自动方式。

8.6.3　激光切割机加工实例

本加工实例以在 $\phi 15mm \times 4mm$(外径×厚度)的氮化硅陶瓷片上切割 $\phi 13mm \times 4mm$(外径×厚度)的圆柱为例。

(1)开启设备墙壁电源，电源指示灯亮。

(2)顺时针转动"急停"按钮，使按钮弹出，开启主机，设备蜂鸣器报警，按下"冷水机"按钮，冷却液循环机开始运行，3s 后解除报警。

(3)待报警声停止后，按下"计算机"按钮开启计算机。

(4)双击"AutoCAD 2007"图标打开软件进行作图，图形为直径为 13.2mm(含 0.2mm 的切割余量)的圆，其圆心位置与坐标原点重合，并保存图片至指定位置，图片格式为.dxf，如图 8-32 所示。

图 8-32　图形文件保存界面

(5)关闭 AutoCAD 2007 软件，双击"WinCNC"图标打开软件，界面如图 8-6 所示。单击工具栏的"打开"图标导入 DXF 文件数据，并单击专用工具条的"自动生成切割线"按钮，白色源线变为黄色切割线，如图 8-33 所示。

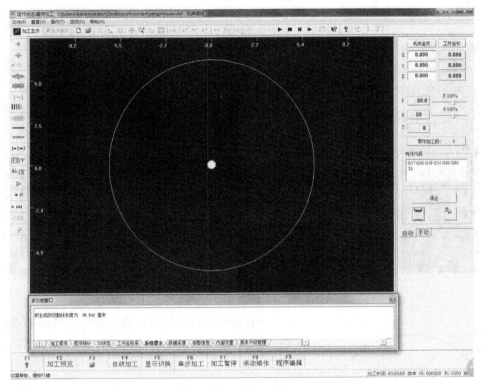

图 8-33　自动生成切割线界面

（6）按下"工作台"和"工作灯"按钮，工作台被锁定。通过键盘方向键调整卡盘位置，使其便于装夹工件。

（7）装夹工件。三爪卡盘如图 8-34 所示，将扳手插入三爪卡盘方孔内，逆时针转动扳手至合适位置，装夹预加工工件后顺时针拧紧卡盘，使工件牢固即可。若工件尺寸较小，无法直接装夹在卡盘内，可将工件固定在较大的圆柱形金属块上再进行装夹。

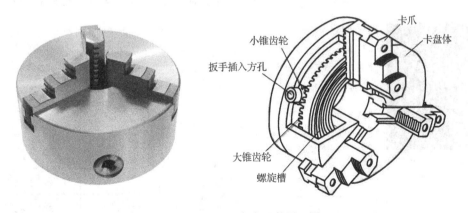

图 8-34　三爪卡盘及其原理图

（8）激光对焦。双击桌面上的"AMCAP"软件图标打开软件，按下"监控"按钮，在 WinCNC 软件手动状态下通过调整 Z 轴高度来调节聚焦物镜与工件表面的距离，对预切割工件表面进行对焦，直至图像达到最清晰状态，如图 8-35 所示。

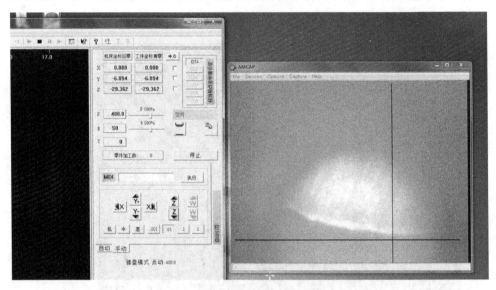

图 8-35　激光对焦界面

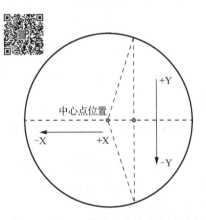

图 8-36　圆形工件中心点确定方法示意图

（9）确定工件中心点位置。圆形工件中心点确定方法如图 8-36 所示。使用键盘方向键或 WinCNC 软件的虚拟方向键移动激光刀头至"+Y"方向工件边缘处，按"F5"键出现对话框，按"Enter"键清零，如图 8-37 所示；再移动激光刀头至"–Y"方向工件边缘处，显示数值为 M，按"F8"键出现对话框，在对话框中输入"y+A"（A 为|M/2|），按"Enter"键，则激光刀头自行向"+Y"方向移动至|M/2|处，即找到工件上 Y 轴经过的一个中点位置，如图 8-38 所示；Y 轴固定不动，使激光刀头在 X 轴方向上进行同样的操作过程，即可确定工件中心点位置。中心点位置确定后，返回 WinCNC 软件自动状态。

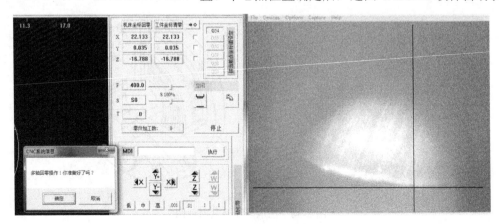

图 8-37　激光主轴回零界面

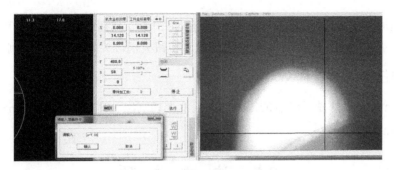

图 8-38　确定工件中心点位置界面

（10）转动激光钥匙开关至"开/on"处，依次开启激光电源，选择合适的激光功率、激光脉冲频率和切割速率等参数，如图 8-39 所示。

图 8-39　激光参数设置界面

（11）单击专用工具条上的"加工预览"按钮，检查激光运行过程无误后，按下控制面板上的"排尘"按钮，按"F4"键或单击 WinCNC 软件屏幕下方"自动加工 F4"键，对工件进行切割加工，界面如图 8-40 所示。

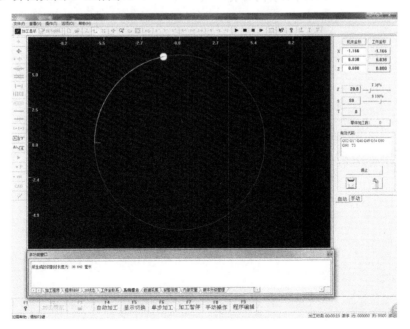

图 8-40　激光切割加工界面

(12)切割加工完成后,关闭排尘并依次关闭激光电源,然后转动激光钥匙开关至"关/off"处,4~10min 后关闭冷却液循环机后按"急停"按钮关机,关闭设备墙壁电源。

8.6.4　实训任务

在 ϕ40mm×4mm(外径×厚度)的氮化硅陶瓷片上切割出 10 块 20mm×5mm×4mm(长×宽×高)的方形陶瓷毛坯。

8.7　注　意　事　项

(1)开机前,必须先开启冷却液循环机,冷却液循环机温度为 24~30℃。

(2)当工作台处于锁定状态时,切勿转动"工作台"旋钮。

(3)激光切割机主要加工高强度、高硬度、高熔点且不透明的材料。

(4)切割工件前,需开启气泵;切割完毕后,要及时关闭激光电源。

(5)本机在切割工件过程中易产生粉尘飞溅,对操作者的呼吸系统有一定伤害,操作时除排尘外,操作者还应佩戴口罩,做好必要防护。

(6)设备运行过程会产生较强光束,切割工件时应及时关闭防护罩,防止对人体(特别是眼部)造成伤害。

(7)本机加工时会产生火花,禁止在工作区域放置易燃易爆物品。

8.8　思　考　题

(1)激光切割机的操作有哪些注意事项?

(2)确定工件中心点位置的主要内容有哪些?

参 考 文 献

曹凤国，2014. 电火花加工[M]. 北京：化学工业出版社.

陈艳，2017. 砂轮特性与磨削加工[M]. 郑州：郑州大学出版社.

符策，铁维麟，2017. 磨床操作[M]. 北京：机械工业出版社.

化凤芳，许东晖，吕晓玲，2019. 机电工程实训及创新[M]. 北京：清华大学出版社.

贾洪声，胡廷静，刘惠莲，2017. 通用技术之加工技术[M]. 长春：吉林大学出版社.

贾伟杰，2016. 数控技术及其应用[M]. 北京：北京大学出版社.

李红军，2008. 数控铣床操作基本技能[M]. 北京：中国劳动社会保障出版社.

刘志东，2017. 特种加工[M]. 2 版. 北京：北京大学出版社.

吕斌杰，高长银，赵汶，2013. 华中系统数控车床培训教程[M]. 北京：化学工业出版社.

浦艳敏，李晓红，闫冰，2016. 金属切削刀具选用与刃磨[M]. 2 版. 北京：化学工业出版社.

浦艳敏，牛海山，衣娟，2018. 现代数控机床刀具及其应用[M]. 北京：化学工业出版社.

邱言龙，李德富，2018. 磨工实用技术手册[M]. 2 版. 北京：中国电力出版社.

邱言龙，王兵，2018. 车工实用技术手册[M]. 2 版. 北京：中国电力出版社.

邱言龙，王秋杰，2018. 铣工实用技术手册[M]. 2 版. 北京：中国电力出版社.

斯密德，2012. 数控编程手册[M]. 3 版. 罗学科，陈勇钢，张从鹏，等译. 北京：化学工业出版社.

王树逵，叶旭明，杨舒宇，2019. 机械加工实用检验技术[M]. 北京：清华大学出版社.

韦相贵，张科研，黎泉，等，2019. 工程训练（工科版）[M]. 北京：清华大学出版社.

徐衡，2013. FANUC 数控系统手工编程[M]. 北京：化学工业出版社.

徐衡，2018. FANUC 数控镗铣加工中心加工一本通[M]. 北京：化学工业出版社.

叶振祥，冯启钊，2015. 零件的数控车削加工（专业篇）之华中系统[M]. 北京：中国水利水电出版社.

于涛，武洪恩，2019. 数控技术与数控机床[M]. 北京：清华大学出版社.

赵成喜，于吉鲲，荣治明，等，2020. 数控编程与加工实训教程[M]. 北京：清华大学出版社.

朱派龙，2017. 特种加工技术[M]. 北京：北京大学出版社.

附　　录

附表1　常用计量单位及换算关系一览表(公制)

量的名称	单位名称	单位符号	换算关系
长度	千米(公里)	km	$1\ km=10^3\ m$
	米	m	—
	分米	dm	$1\ dm=10^{-1}\ m$
	厘米	cm	$1\ cm=10^{-2}\ m$
	毫米	mm	$1\ mm=10^{-3}\ m$
	微米	μm	$1μm=10^{-6}\ m$
	纳米	nm	$1\ nm=10^{-9}\ m$
	埃	Å	$1\ Å=10^{-10}\ m$
面积	平方千米	km²	$1\ km^2=10^6\ m^2$
	平方米	m²	—
	平方分米	dm²	$1\ dm^2=10^{-2}\ m^2$
	平方厘米	cm²	$1\ cm^2=10^{-4}\ m^2$
	平方毫米	mm²	$1\ mm^2=10^{-6}\ m^2$
时间	时	h	$1\ h=3600s$
	分	min	$1\ min=60s$
	秒	s	—
	毫秒	ms	$1\ ms=10^{-3}\ s$
	微妙	μs	$1\ μs=10^{-6}\ s$
	纳秒	ns	$1\ ns=10^{-9}\ s$
	皮秒	ps	$1\ ps=10^{-12}\ s$

附表2　HNC-21T/22T数控车床常用指令字符一览表

机能	指令字符	意义
零件程序号	%	程序编号：%1～4294967295
程序段号	N	程序段编号：N0～4294967295
准备功能	G	指令动作方式(直线、圆弧等)G00～G99
尺寸字	X、Y、Z A、B、C U、V、W	坐标轴移动指令±99996.999
	R	圆弧半径，固定循环的参数
	I、J、K	圆心相对于起点的坐标，固定循环的参数
进给功能	F	进给速度的指定 F0～24000
主轴功能	S	主轴旋转速度的指定 S0～9999
刀具功能	T	刀具编号的指定 T0～99
辅助功能	M	机床侧开/关控制的指定 M0～99
补偿号	D	刀具半径补偿号的指定 00～99
暂停	P、X	暂停时间的指定秒

续表

机能	指令字符	意义
子程序号的指定	P	子程序号的指定 P1～4294967295
重复次数	L	子程序的重复次数,固定循环的重复次数
参数	P、Q、R U、W、I K、C、A	车削复合循环参数
倒角控制	C、R、RL、RC	直线后倒角和圆弧后倒角参数

附表 3　HNC-21T/22T 数控车床常用辅助功能(M 功能)一览表

名称	功能
M00	程序暂停,按"循环启动"键程序继续执行
M01	程序选择停止
M02	程序结束
M03	主轴正转
M04	主轴反转
M05*	主轴停止
M07	冷却液开
M08	冷却液开
M09*	冷却液关
M30	程序结束并返回到零件程序头
M98	调用子程序
M99	从子程序返回

注:带有"*"的 M 代码为缺省值。

附表 4　HNC-21T/22T 数控车床常用准备功能(G 功能)一览表

G 代码	组别	功能
G04		暂停
G28	00	自动返回参考点
G29		自动从参考点返回
G92		坐标系设定
G00		快速定位
G01*	01	直线插补
G02		圆弧插补(顺时针)
G03		圆弧插补(逆时针)
G50*	04	取消工件坐标系零点平移
G51		工件坐标系零点平移
G20	08	英制数据输入(英寸输入)
G21*		公制数据输入(毫米输入)
G40*		刀尖半径补偿取消
G41	09	刀尖半径补偿(左)
G42		刀尖半径补偿(右)
G54*		工件坐标系1
G55	11	工件坐标系2
G56		工件坐标系3

续表

G 代码	组别	功能
G57	11	工件坐标系 4
G58		工件坐标系 5
G59		工件坐标系 6
G90*	13	绝对值编程
G91		增量值编程
G94*	14	每分钟进给
G95		每转进给
G96	16	恒线速度
G97*		取消恒线速度
G36*	17	直径编程
G37		半径编程

注：带有 "*" 的 G 代码为缺省值。

附表 5　K2000M/M8 立式加工中心数控程序地址及其功能

功能	地址	意义
程序号	O	给程序指定程序号 1~9999
顺序号	N	程序段的顺序号 1~99999
准备功能	G	指定动作状态(直线或圆弧等)
尺寸字	X、Y、Z A、B、C U、V、W	坐标轴移动指令±999996.999
	R	圆弧半径±999996.999
	I、J、K	圆弧中心坐标±999996.999
进给功能	F	指定进给速度 0.001~60000.0
主轴功能	S	指定主轴转速 0~99999
刀具功能	T	指定刀具号 0~99
辅助功能	M	指定控制机床各功能开/关 0~99
补偿号	H	指定补偿号 0~256
暂停	P、X	指定暂停时间 0~999996.999s
子程序号和重复调用次数指定	P	指定子程序号和子程序的重复调用次数 1~99999999
参数	P、Q、R	固定循环参数

附表 6　K2000M/M8 立式加工中心常用辅助功能(M 功能)一览表

名称	功能
M00	程序暂停，按"循环启动"按钮程序继续执行
M01	程序选停，"机床索引"中"程序选停"为开时有效
M02	程序结束
M03	主轴正转
M04	主轴反转
M05*	主轴停止
M06	调用换刀程序
M07	对刀测量
M08	冷却液开

续表

名称	功能
M09*	冷却液关
M19	主轴定向
M26	吹气开
M27*	吹气关
M30	程序结束并返回到零件程序头
M32	润滑液开
M33*	润滑液关
M41	主轴低挡
M42	主轴高挡
M48	进给倍率固定100%
M49	进给倍率恢复
M98	调用子程序
M99	从子程序返回

注：带有"*"的G代码为缺省值。

附表7　K2000M/M8立式加工中心常用准备功能（G功能）一览表

G代码	组别	功能
G04	00	准停、暂停
G27		返回参考点检查
G28		返回参考点
G29		从参考点返回
G92		坐标系的设定就是通过设定原点实现的
G00*	01	快速定位（快速移动）
G01*		直线插补（切削进给）
G02		圆弧插补（顺时针）
G03		圆弧插补（逆时针）
G17*	02	XY平面选择
G18		XZ平面选择
G19		YZ平面选择
G90*	03	绝对值编程
G91		增量值编程
G98*	04	在固定循环中返回初始平面
G99		在固定循环中返回R点平面
G54*	05	工件坐标系1
G55		工件坐标系2
G56		工件坐标系3
G57		工件坐标系4
G58		工件坐标系5
G59		工件坐标系6
G20	06	英制数据输入
G21*		公制数据输入
G40*	07	刀具半径补偿取消
G41		刀具半径补偿（左）
G42		刀具半径补偿（右）

G 代码	组别	功能
G43		正方向刀具长度补偿
G44	08	负方向刀具长度补偿
G49*		刀具长度补偿取消
G80*	09	固定循环注销
G81		钻孔循环(点钻循环)
G94*	10	每分钟进给
G95		每转进给

注：带有"*"的 G 代码为系统默认 G 代码，当系统电源接通时，同组模态 G 代码将处于默认状态。

附表 8　NHT7720F 型线切割机常用控制功能格式一览表

功能	使用状态	操作步骤	说明
输入	直接输入	M　BX　BY　BJ　GX/GY　Z	M 为段号
修改	直接输入	M　BX　BY　BJ　GX/GY　Z	M 为段号
插入	直接输入	M-插入(显示 INC)	M 为段号
删除	直接输入	M-删除(显示 DEL)	M 为段号
检查	直接输入	M-检查-检查-……-检查-待命	M 为段号
高频	待命，上挡	待命-上挡-D	高频待命
作废	待命，上挡	待命-上挡-M-L4-N-L4-作废	M、N 为首末段号
恢复	待命，上挡	待命-上挡-M-L4-N-L4-恢复	M、N 为首末段号
逆割	待命，上挡	待命-上挡-M-L4-N-逆割-执行	M、N 为首末段号
回退	待命，上挡	待命-上挡-执行(按住不放)	短路使用
退出	待命，暂停	D-D-D	